TURING 图灵交互设计丛书

认知与设计
理解UI设计准则
（第2版）

[美] Jeff Johnson 著

张一宁 王军锋 译

Designing with the Mind in Mind
Simple Guide to Understanding User Interface Design Guidelines

人民邮电出版社
北 京

图书在版编目（CIP）数据

认知与设计：理解UI设计准则：第2版 / （美）约翰逊（Johnson, J.）著；张一宁，王军锋译. -- 北京：人民邮电出版社，2014.8（2023.11重印）
（图灵交互设计丛书）
ISBN 978-7-115-36410-4

Ⅰ. ①认… Ⅱ. ①约… ②张… ③王… Ⅲ. ①人机界面－图形－视觉设计 Ⅳ. ①TP391.41

中国版本图书馆CIP数据核字(2014)第151001号

内 容 提 要

本书把设计准则与其核心的认知学和感知科学高度统一起来，从认知和心理学角度剖析交互设计本质，介绍如何将最新的认知学成果应用到交互设计中。作者逻辑清晰，语言简洁，用图文并茂的方式给出了好的设计和不好的设计背后的人类行为原理。

本书不仅适合需要应用用户界面和交互设计准则的软件开发人员阅读，也是软件开发管理者的最佳选择。

◆ 著　　　　[美] Jeff Johnson
　　译　　　　张一宁　王军锋
　　责任编辑　朱 巍
　　执行编辑　李岩俨　杨 琳
　　责任印制　焦志炜

◆ 人民邮电出版社出版发行　　北京市丰台区成寿寺路11号
　　邮编 100164　电子邮件 315@ptpress.com.cn
　　网址 http://www.ptpress.com.cn
　　北京天宇星印刷厂印刷

◆ 开本：800×1000　1/16
　　印张：14　　　　　　　　　2014年8月第2版
　　字数：284千字　　　　　　2023年11月北京第23次印刷
　　著作权合同登记号　图字：01-2014-3362号

定价：69.00元
读者服务热线：(010)84084456-6009　印装质量热线：(010)81055316
反盗版热线：(010)81055315
广告经营许可证：京东市监广登字 20170147 号

版 权 声 明

致谢

没有以下这些人给予的大量帮助和无尽支持，就不可能有这本书。

首先感谢那些上过我在 2006 年教授的人机交互课程的学生。那时我在新西兰坎特伯雷大学担任厄斯金研究员，我专门设计了一门课，简要介绍认知心理学的背景知识，只是为了让学生们能够理解这些知识，并将其用作用户界面设计的准则。那门课后来拓展成了专业的研究课程，随后便成了本书第 1 版的内容。2013 年，我需要为更高一级的人机交互课程准备更多深入的心理学背景知识，这促使我拓展了原有的主题，改进了一些内容的阐述，形成了本书的第 2 版内容。

其次，感谢我在坎特伯雷的同事：Andy Cockburn 教授、Sylvain Malacria 博士和 Mathieu Nancel 博士。他们给我提供了一些关于本书内容的想法，也对我的想法给出了反馈意见，并为第 2 版中全新的、关于菲茨定律的内容章节绘制了插图。还要感谢我的同事兼好友 Tim Bell 教授，感谢他共享关于用户界面的案例，以及我在撰写第 2 版时在大学工作方面给予的帮助。

我还要感谢第 1 版的审稿人 Susan Fowler、Robin Jeffries、Tim McCoy 和 Jon Meads，以及第 2 版的审稿人 Susan Fowler、Robin Jeffries 和 James Hartman。他们给出了大量富有建设意义的评论和建议，对本书的内容起到了极大的促进作用。

十分感谢四位认知科学方面的研究人员，他们帮我列出了重要的参考文献名单，提供了非常有用的插图，还激发出了我的想法。他们是：

❏ 麻省理工学院大脑与认知科学系的 Edward Adelson 教授
❏ 普林斯顿大学心理学系的 Dan Osherson 教授
❏ 波士顿大学认知与神经系统系的 Dan Bullock 博士
❏ 剑桥大学心理学系的 Amy L. Milton 博士

感谢 Elsevier 出版社的员工，特别是 Meg Dunkerley、Heather Scherer、Lindsay Lawrence 和 Priya Kumaraguruparan 等人。在他们的呵护和关照下，本书完善了体例，丰富和润色了内容，得到很好的提升。

最后，感谢我的妻子兼朋友，Karen Ande，感谢她在我做研究和撰写这本书时给予的爱和支持。

本书赞誉

我们可以看到很多优秀的设计案例和很多失败的设计案例，如果能知道一些设计准则，我们就更容易判断哪些方案会失败，自己进行设计时就可以少走很多弯路。

我们可以看到很多设计准则，它们有一致的场景，也有一些相互冲突的场景，如果能判断到底哪些设计准则更靠谱，我们就更有自信不会盲从。

如果更了解人类的感官和大脑是如何工作的，我们就能判断哪些设计准则是更靠谱的，甚至可以推断出来新的准则。

《GUI 设计禁忌》的作者 Jeff Johnson 是一位跨界的专家，这次他沉淀出来的《认知与设计》比他以前的设计书更薄，因为直指感官和大脑之后，讲清楚这些设计准则就不需要堆积海量案例了，案例不再是一种证明，而是对设计准则的简单阐释。

我写在书中的很多文字都是受 Jeff Johnson 启发，我在产品中做的很多判断也是受 Jeff Johnson 启发，现在他厚积薄发把交互设计讲得这么透，让我这个非专业人士能站在一个更伟岸的肩膀上，我想给这本书十星。

——王坚

糗事百科创始人，《结网》作者

看完本书，觉得的确不错，推荐给大家。对于做测试的朋友来说，从这本书中能得到几点益处：了解一些基本的设计规则以及原理，为自己的产品发现更多的易用性方面的问题，提出改进软件交互设计的建议。

——蔡为东

《赢在测试》《行之有效——IT 技术团队管理之道》等书作者

本书将设计准则与其核心的认知学和感知科学高度统一起来，使得设计准则更容易地在具体环境中得到应用。UI 设计师必备。

——优秀网页设计联盟（uisdc.com）

本书通过一系列实例向读者展示了人类的认知系统是如何运作的，以及在日常生活中发生的认知偏差，将心理学的基本原理与设计的基本原则有机地结合在了一起。如果对人的思维好奇，那么你会在本书中收获很多乐趣；如果你是位设计师，那么这本书必读。我强烈建议设计师们每天都看看这本书。警告：这本书会让你沉醉其中而不能自拔。

——Donald Norman

知名认知心理学家、计算机工程师、工业设计家，认知科学学会的发起人之一，著有畅销书《设计心理学》

这是一本洞察人类思维的书，设计师可通过本书快速从认知科学的角度理解人类行为的原则。

——Stuart Card

帕罗奥多研究中心用户界面研究组负责人，资深研究人员

作者用精心挑选的主题和案例说明了用户界面设计师以及软件设计师所需要必备的知识，十分适合相关从业人员，也适合作为新手和相关专业学生的入门指导。

——《人机交互国际新闻》

这本书的难能可贵之处在于作者提供了足够多的细节，而不是简单地堆砌规则或空洞地说教。书中概括出的原则有助于读者理解主题并确保高效地设计 UI。

——SlashDot

本书不落简单列举规则之窠臼，而是讨论了认知心理学的研究成果，在此基础上总结了大家提出的原则。换言之，这是一本关于交互系统使用者的书。

——英国计算机协会

序

看到这本书有了第 2 版，我感到很欣慰，因为这意味着人机交互领域在逐步成熟并超越了纯粹的经验方法。

人机交互（HCI）作为一个课题，原理很简单。某人想要完成某项工作，比如写篇文章或者驾驶一架飞机，电脑在其中作为中介，这就是人机交互。原则上，这个人没有电脑也能完成工作。比如，他可以用鹅毛笔和墨水书写，或者控制液压软管来操作飞机。这些就算不上是人机交互，尽管人们的确使用了作为中介的工具和机械装置，而且它们的设计以及使用过程中与人机交互有许多相似之处。实际上，它们符合人机交互中涉及人为因素的原则。然而，正是有了计算机和因为计算机而成为可能的交互过程，我们才有了人机交互。

计算机能够改变任务的表现方式和操作所需的技能。它能将写作的线性过程改变成为一种更像雕塑的工作，作家将整体打磨后，添加或者删减文字来精炼文章。计算机也能将飞机的驾驶操作变成某种监控，让计算机处理速度、高度、位置这些输入，并控制节流阀、襟翼水平、方向舵的输出，来进行实际的飞行。如果不是一个人，而是一个小组或者一群人，不是单台计算机，而是通过网络通信的移动和嵌入式计算机，不是单个简单操作，还要考虑文化和协作上相互影响，那么就有了许多种以计算机作为中介的工作方式，这就形成了形形色色的人机交互的基础。

人机交互学科的构成看起来也比较简单。有一些制品需要建造和实现，交互本身和物品（无论是虚拟的还是实际的）都要有设计流程，因此也就有了需要了解的有关人机交互的原理、抽象概念、理论、事实和现象。人们把第一类叫做交互工程（比如使用 Harel 状态图来指导实现），把第二类叫做交互设计（比如用智能手机记录饮食的流程），把第三类也许有点过于冠冕堂皇地叫做交互科学（比如，应用菲茨法则来设计某个应用中按钮的大小）。人机交互的困难在于，将这三者融合并不容易。除了人机交互本身，这三个领域都有对门外汉来说并不容易掌握的大量文献。这本书的目的就是作为桥梁，把心理学中建立的有关科学，和这些科学在解决人机交互设计问题中的运用紧密连接起来。

实际上，将工程学、设计学和科技联结在一起的重要性意义更为深远。人机交互是一项技术。就如 Brian Aruther 在他的著作 *The Nature of Technology* 中所阐述的，技术大多从其他技术而不是从科学中产生。平面显示器如今基本取代了往昔的阴极显像管，而阴极显像管则是从旋风计算机上改进过的雷达屏幕而来。而且，技术通常由其他技术所组成。一台笔记本电脑有显示器作为输出，键盘和触摸板作为输入，以及一些存储设备，它们各自都有相关的技术。但最终所有这些技术都可以追溯到自然界的现象，这时就该科学来发挥作用了。一些键盘利用电容现象来感知按键动作，一旦按下按键，两个 D 形状的衬垫被压到靠近覆盖了绝缘膜的印制电路板上，从而改变电容模式。也就是说键盘利用了电容的自然现象，以一种稳定的方式来实现人机交互中发出有目的的信号的功能。

许多自然现象很容易通过观察和简单的实验来理解和利用，不需要太多科学知识。但有一些，比如电容，就没那么显而易见，只有具备科学知识才能理解。在某些情况下，我们构建的人机交互系统也会产生自己的现象，那些似乎显而易见的事情也会突然出现意料之外的状况，需要科学知识才能理解。人们有时会以为如果能够直观地理解一些简单的情况（比如通过可用性测试），就能理解所有的情况，但其实未必如此。人机交互所利用的自然现象就不仅有对计算机科学的抽象（比如工作集的概念），而且有心理学有关人类认知、感知和运动的理论（比如视觉的本质）。这本书会大量涉及心理学，心理学领域充斥着非常杂乱，有时甚至相互冲突的各类文献，但其研究的大量现象足可以为人机交互技术充分利用。

如这本书所展示的，人机交互可以发展为支撑心理学领域的科学基础，我认为这一点对于人机交互未来发展的重要性被低估了。当然这也包括人机交互发展出自身的科学体系。

这为什么很重要？至少有三个理由。首先，理论能够提供说明性评估（explanatory evaluation）。如果你不知道为什么会出现差异，做 A-B 测试的作用也会大打折扣；而如果你有一套理论可以解释这种差异，那你就能够解决问题。例如，如果不了解窗口工作集的理论知识，你就无法通过可用性测试去理解为什么使用窗口系统的用户界面需要非常多的时间。其次，理论让创造式设计（generative design）成为可能，使得设计空间的表达可以发生转变。一旦发现定位设备的一个重要属性是要使用传感器的肢体运动部分产生的带宽，问题就能表述为如何将肌肉和设计的其他部分联结起来。第三，理论将知识做了规范的组织（codification of knowledge）。只有在拥有理论和抽象之后，我们才能够简明扼要地积累成果，在该领域深入发展并让它发挥出强大的作用。

为什么在人机交互中还没有广泛应用的科学和理论呢？有一些显而易见的原因，比如，首先要获得相关科学的联系或者结果就不容易，而且几乎所有的工程领域都难以与科学联结，即使联结已经建立，也往往以黑盒方式包装起来，非专业人士不必了解。诗人敲击键盘，只知道自己在写诗。他认为自己在用爱写作，因为别人已经从电的角度做好了一切。

但我认为最主要的原因是，相关知识在设计需要的时候，很难转换成随手能用的形式。在这本书里，Jeff Johnson 很仔细地将设计决策与理论以非常实用的方式联系了起来。他收集了人机交互方方面面的坚实的设计法则，让设计师们容易在工作中牢记。

——Stuart K. Card

引言

用户界面设计规则：从何而来？如何有效地使用？

自开始设计交互式计算机系统以来，就有人尝试发表用户界面设计准则（也称设计规则），以推广良好的设计。早期提出准则的人有：

- ❏ Cheriton（1976）为早期交互式（分时）计算机系统提出了用户界面设计准则；
- ❏ Norman（1983a，1983b）基于人类认知（包括认知上的错误），提出了软件用户界面设计规则；
- ❏ Smith 和 Mosier（1986）撰写了也许是最全面的一套用户界面设计准则；
- ❏ Shneiderman（1987）在其著作《设计用户界面》的第 1 版及所有后续版本中，都收录了"界面设计的八条金科玉律"；
- ❏ Brown（1988）写了一本关于设计准则的书，名为《人机界面设计指导准则》；
- ❏ Nielsen 和 Molich（1990）提供了一套用于用户界面启发式评估的设计准则；
- ❏ Marcus（1991）介绍了针对在线文档和用户界面中图形化设计的准则。

进入 21 世纪，Stone 等（2005），Koyani、Bailey 和 Nall（2006），Johnson（2007），以及 Shneiderman 和 Plaisant（2009）提出了更多的用户界面设计指导准则。微软公司、苹果公司和甲骨文公司为各自平台上的软件设计发布了相应的设计准则（Microsoft Corporation，2009；Apple Computer，2009；Oracle Corporation/Sun Microsystems，2001）。

用户界面设计准则的价值有多大？这就取决于将它们应用在设计问题上的人了。

用户体验设计和评估需要理解和经验

遵循用户界面设计准则不像遵循烹饪食谱那么按部就班。设计准则经常描述的是目标而不是操作。它们特意极其概括从而具有更广泛的适用性，但这也意味着，人们对它们准确的意义和在具体设计情境上的适用性经常会做出不同的诠释。

更复杂的是，对于一个设计情境，经常会有多个规则看起来都适用。这时，这些设计准则经常会相互冲突，即指向不同的设计。这要求设计师确定哪个设计准则更适用于给定的环境，从而优先应用。

即使没有冲突的设计准则，设计问题也经常会有多个冲突的目标，例如：

- ❏ 屏幕要明亮，又要电池寿命长；
- ❏ 轻便又要坚固；
- ❏ 功能多又要容易学；
- ❏ 功能强大又要系统简单；
- ❏ 分辨率高又要加载快；
- ❏ WYSIWYG（所见即所得），又要盲人可用。

要满足这些计算机产品或服务的所有设计目标，通常需要权衡——大量的权衡。在冲突的设计准则中找到合适的平衡点还需要更进一步的权衡。

面对这些复杂情况，技艺娴熟的 UI 设计者或评估者必须更深思熟虑，而不是盲目地应用用户界面设计规则和准则。用户界面设计规则和准则更像法律，而不是生搬硬套的食谱。就像一套法律必须由精通法律的律师和法官来使用和诠释一样，一套用户界面设计准则最好由理解其基本原则并有过应用经验的人来使用和诠释。

遗憾的是，用户界面设计准则通常都是以设计布告的简单列表形式提供的，几乎没有提供任何理论依据或背景。当然有少数例外，比如 Norman（1983a）。

再者，虽然很多早期用户界面设计和可用性的从业人员拥有认知心理学的知识背景，但大部分新参与的人并没有。这让他们很难理性地应用用户界面设计准则。提供这样的理论依据和背景正是本书的着眼点。

用户界面设计准则的比较

表 I-1 并排列出了两大最著名的用户界面设计准则，展示了它们包含的规则类型和相互间的比较（更多的准则可参考附录）。比如，二者的第一条规则都提倡设计的一致性，它们也都包含错误预防的规则。Nielsen-Molich 的规则"帮助用户识别、诊断错误，并从错误中恢复"接近于 Shneiderman-Plaisant 的规则"允许容易的操作反转"，而"用户的控制与自由"则对应"让用户觉得他们在掌控"。这种相似有其原因，而并不是因为后者受到了前者的影响。

表 I-1　两大最著名的用户界面设计准则

Shneiderman (1987); Shneiderman & Plaisant (2009)	Nielsen & Molich (1990)
<ul><li>力争一致性</li><li>提供全面的可用性</li><li>提供信息充足的反馈</li><li>设计任务流程以完成任务</li><li>预防错误</li><li>允许容易的操作反转</li><li>让用户觉得他们在掌控</li><li>尽可能减轻短期记忆的负担</li></ul>	<ul><li>一致性和标准</li><li>系统状态的可见性</li><li>系统与真实世界的匹配</li><li>用户的控制与自由</li><li>错误预防</li><li>识别而不是回忆</li><li>使用灵活高效</li><li>具有美感的和极简主义的设计</li><li>帮助用户识别、诊断错误，并从错误中恢复</li><li>提供在线文档和帮助</li></ul>

设计准则从何而来

对当前的讨论而言，这些设计准则的共性——它们的基础和起源，比每套设计准则的具体规则更重要。这些设计准则从何而来？它们的作者只是像时装设计师一样，试图将个人的设计品味强加在计算机和软件业上吗？

如果是这样，这些设计准则会因各自作者追求与众不同而变得非常不一样。实际上，忽略在措辞、强调点以及撰写时计算机技术状态的不同之后，所有这些用户界面设计准则是很相似的。这是为什么呢？

答案在于，所有设计准则都基于人类心理学：人们如何感知、学习、推理、记忆，以及把意图转换为行动。许多设计准则的作者至少有一些心理学背景，应用于计算机系统设计上。

例如，Don Norman 远在开始从事人机交互方面的写作之前，就已经是认知心理学领域的一名教授、研究者和多产作家了。Norman 早期的人机设计准则就基于他本人和其他人在人类认知方面的研究。他特别关注的是人们经常犯的认知性错误，以及计算机系统如何减少或消除这些错误造成的影响。

类似地，其他设计准则的作者，比如 Brown、Shneiderman、Nielsen 和 Molich，也都在应用感知和认知心理学的知识，尝试改进交互系统的设计，使其更具可用性和实用性。

说到底，用户界面设计准则是以人类心理学为基础的。

阅读本书，你将学到用户界面和可用性设计准则背后重要的心理学知识。

读者对象

　　本书主要针对需要应用用户界面和交互设计准则的软件开发从业人员，这自然包括交互设计师、用户界面设计师，以及用户体验设计师、图形设计师和硬件产品设计师，也包括那些在评审软件或分析观察到的使用问题时经常需要参考设计启发思路可用性的测试人员和评估人员。

　　本书还适合软件开发管理人员，他们需要了解一些用户界面设计准则的心理学知识，从而理解和评估下属的工作。

目录

第 1 章

我们的感知存在偏差

我们对周围世界的感知并不是对其真实的描述。我们的感知至少受到以下三个因素的影响，与现实存在严重的偏差。

- ❑ **过去** 我们的经验。
- ❑ **现在** 当前的环境。
- ❑ **将来** 我们的目标。

经验影响感知

经验，即你过去的感知，会以几种不同的方式影响你现在的感知。

感知的启动

想象一下，你拥有一家大型保险公司，并将与一位房地产经理开会讨论公司新园区的建设方案。园区有五座建筑排成一排，后两座有给自助餐厅和健身中心采光的 T 字形庭院。如果这位房地产经理向你展示如图 1-1 所示的地图，你就会看到代表这些建筑物的五个图块。

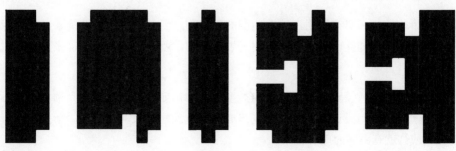

图 1-1

这是建筑地图还是单词？你看到的取决于别人告诉你看什么

现在想象一下与你见面的不是房地产经理,而是一位广告经理,讨论的是一个将在全国某些市场悬挂的广告牌。广告经理给你看的是同样的图像,但这次是广告牌的略图,由一个单词构成。这次,你清晰无误地看到了一个单词"LIFE"。

当感知系统预先准备看的是建筑物的形状时,你就看到了建筑物的形状,几乎察觉不到建筑物之间的白色区域。当感知系统预先准备去看文字时,你就看到了文字,也几乎注意不到字母间的黑色区域。

先入为主能够影响感知,有个著名的例子是一张素描。这张素描据传由 R. C. James 所绘[①],大部分人对它的第一印象就是随手泼出的墨点。在继续阅读之前,先看看这张素描(见图 1-2)。

图 1-2

先入为主视觉上的效果。你看到了什么

只有在告诉你这是一只在树附近嗅着地面的斑点狗之后,你的视觉系统才会把影像组织成一幅完整的画面。不仅如此,一旦你"看到了"这只狗,就很难再回头把这张素描看成随机无序的点。

以上是视觉的例子。经验也会影响其他类型的感知,如对语句的理解。例如,在不久前听说过疫苗污染事故的人与最近听说过利用疫苗成功对抗疾病的人,他们对"新疫苗含有狂犬病毒"这个标题或许就有不同的理解。

① 见 *Lindsay and Norman*(1972)中图 3-17,146 页。

熟悉的感知模式或者框架

我们生活中大部分时间都在熟悉的环境里度过：家中的房间、花园、上学放学上班下班经过的路线、我们的办公室、小区附近的公园、商店、餐馆等。不断置身的各种环境在我们心智中建立起模式，让我们对不同地方的东西有不同期待。研究者们把这些感知模式称为框架，包括在各个环境下通常遇到的对象和事件。

举个例子，你不需要时常详细检查每一个细节，因为对家里的房间足够熟悉。你知道它们的布局，也知道大多数东西放在什么地方。你或许都能够在全黑的情况下在家中行走。但你对家的经验要比自己的住宅更广泛。除了对自己住宅的了解，你的大脑对家也有一个广泛的模式认知。这个模式影响了你对所有家的认知，不论熟悉的还是陌生的。在厨房，你期待看到灶具和水槽。在浴室，你期待看到马桶、洗手池、淋浴器或者浴缸。

不同场合的心智框架影响人们在各个场合下对期待见到的事物的感知。因为不必不断地详细检视身边环境的每一个细节，这是心智的捷径，能帮助人们应付所处的世界。然而，心智框架也让人们看到其实并不存在的东西。

比如，如果你拜访一个厨房里没有灶具的房子，你事后可能会回忆看到过一个灶具，因为在你对厨房的心智框架里，灶具是厨房的一个重要部分。类似地，去餐馆吃饭的心智框架中一部分是付账单，所以你可能记得自己已经付过钱了而心不在焉直接就走出餐馆。你的大脑对后院、学校、城市街道、办公室、超市、牙医诊所、的士、空中交通等熟悉场合都有各自的心智框架。

任何使用电脑、网站或者智能手机的人对桌面和文件、网页浏览器、网站和各种类型的软件应用和在线服务都有对应的心智框架。比如，当他们访问一个新网站时，有经验的网络用户期待看到网站名字和标志、导航条、一些链接，也许还有一个搜索框。当在线订购机票时，他们期待能够指定行程详细信息，查看搜索结果，选择决定的航班，并且购买机票。

由于软件用户和网站用户感知模式的存在，他们经常不仔细看就点击按钮或链接。他们对控件位置的期望更多来自在当前情况下，他们自己的框架期望他们在屏幕上看见什么。这点有时会让软件设计者觉得挫败，因为设计者期望用户看见屏幕上确实有的东西，但人类的视觉系统却不是这样工作的。

例如，在一个多页对话框[①]的最后一页，Next（下一步）和 Back（返回）按钮交换了位置，很多人就不会立刻注意到（见图 1-3）。前几页上布置一致的按钮麻痹了他们的视觉系统。甚至在无心地返回了几次之后，他们可能仍然觉察不到按钮不在标准位置上。这就是为什么"控件

---

① 多步对话框在用户界面设计的术语叫"向导"。

的摆放要一致"是一个常见的用户界面设计准则。

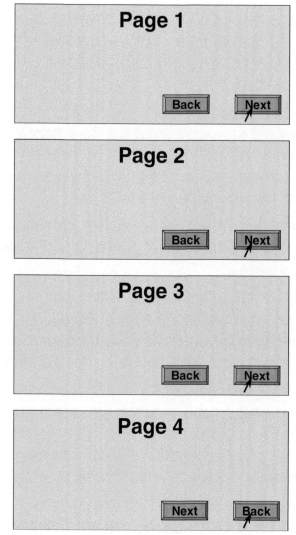

图 1-3
Next 按钮感觉是在一致的位置上，即使并非如此

　　类似地，在寻找某件东西时，如果它不在老地方或者看起来与往常不同，即使就在眼皮底下我们也可能视而不见。这是因为经验调整我们到期望的地方依据期望的特征去寻找。例如，如果一个网站某个表单上"提交"按钮的形状或者颜色与其他表单上的按钮不同，用户就可能找不到它。本章在关于目标如何影响感知的一节中，会深入讨论这种由预期导致的盲目性。

习惯性

经验影响感知的第三种方式被称为习惯性。重复置身于同样（或者非常类似）的感觉会让感觉系统的敏感度降低。习惯性是人们神经系统在非常低层的一个现象，它发生在神经级别。即使是非常原始的、只具有非常简单神经系统的动物，比如扁形虫和阿米巴虫，也会对重复的刺激（比如轻微的电击或者闪光）产生习惯性。具有复杂神经系统的人类，对一系列事件也会产生习惯性，从低层次（如连续的蜂鸣声）、到中间层次（如网站上闪烁的广告条）、再到高层次（比如某人在每次派对上重复说同一个笑话或者某政客的冗长单调的演讲），都是如此。

在使用电脑时，当"你是否确定"的确认框一次又一次出现，人们也能体验到习惯性。人们最开始会注意到并且或许会做出反应，但最终则会反射般直接忽视并关闭确认框。

在最近被标以"社交媒体倦怠"（Nichols，2013）、"社交媒体疲劳"或者"Facebook假期"（Rainie等，2013）的现象中，习惯性也是一个因素。社交网站的新用户一开始对用微博来分享体验的创新感到兴奋，但迟早会感到疲惫不堪，不愿再耗费时间阅读"朋友们"分享的各种琐事，比如，"看！我午饭吃的这份三文鱼沙拉太赞了！"

注意瞬脱

过往经验对低层感知的另一个影响，发生在人们刚刚发现或者听到某件重要的事情之后。在识别之后短暂的 0.15 秒到 0.45 秒之间，即使耳朵和眼睛正常工作，人们也接近于失聪而且无视其他视觉刺激。研究者们把这个现象称为注意瞬脱（Raymond 等，1992，Stafford 和 Webb，2005）[1]，认为这是由于大脑的感觉与注意力机制在短时间内完全用于处理第一个识别而产生的。

举一个经典的例子：你在一节正在进站的地铁车厢内，计划与两位朋友在地铁站见面。当地铁到达时，你的车厢经过了一位朋友，你透过车窗短暂地看到了他。在下一秒钟，又经过了另一位朋友，但你却没注意到她。这是因为，当她的影像抵达你的视网膜时，你正好因为认出了第一位朋友而处于注意瞬脱中。

当人们使用基于电脑的系统和在线服务时，如果事情连续发生得太快，他们会因为注意瞬脱而错过一些信息或者事件。当下制作纪录影片有一个流行的手段，就是连续快速展示一系列静态照片。这个方式是非常容易产生注意瞬脱的：如果一个图片真的吸引了你的注意力（比如对你有特别的意义），你可能就会错过紧接其后的一两张图片。相比之下，自动播放的幻灯片（比如在网站或者信息资讯机上）中的一张引人注目的图片是不大可能造成注意瞬脱的（即错过下一张图），因为每张图片都一般有几秒钟显示时间。

---

[1] 第 14 章会在其他感知间隔的语境下，讨论注意瞬脱的间隔。

环境影响感知

当我们试图去理解视觉如何工作时，很容易认为它是一个自下而上的过程，将边、线条、角度、弧线和纹路等基本要素组成图案并最后形成有意义的事物。以阅读为例，你可能假设我们的视觉系统首先识别字母，把它们组合成单词，再将单词组合成句子，如此继续。

但视觉感知，尤其是阅读，不完全是一个自下而上的过程，其中也有自上而下的作用。例如，包含某个字母的单词能够影响我们对这个字母的判断（见图 1-4）。

图 1-4
同样的字符受其附近的字母影响而被感觉成 H 或 A

类似地，对一句话或者一段话完整的理解甚至能够影响我们所看到的单词。例如，同样的字母序列可以因前后段落含义的不同而被理解成不同的单词（见图 1-5）。

Fold napkins. *Polish silverware.* **Wash dishes.**

French napkins. *Polish silverware.* **German dishes.**

图 1-5
同样的短语因其所在的短语组不同而有不同的解读

视觉受环境因素影响的偏差在不仅仅在阅读中出现。Müller–Lyer 错觉就是一个著名的例子（见图 1-6）：两条水平线，一条有朝外指向的"翅"，另一条有着朝内指向的"翅"，尽管它们相同长度，但不同的"翅"使得我们的视觉系统觉得上方的线比下方的线更长。这类视错觉（见图 1-7）欺骗了我们，因为我们的视觉系统并不使用精确的、最佳的处理方式来感知世界。视觉系统在进化中发展，这是一个半随机的过程，不断叠加各种应急的，通常非完备且不精确的方案。它在大部分时间里运转正常，但包含许多粗略估计、拼凑、修补和一些在某些情况下彻底导致问题的 bug。

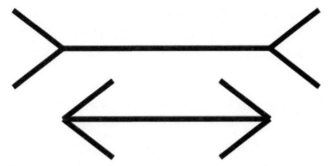

图 1-6
Müller–Lyer 错觉：同样长度的水平线看起来不一样长

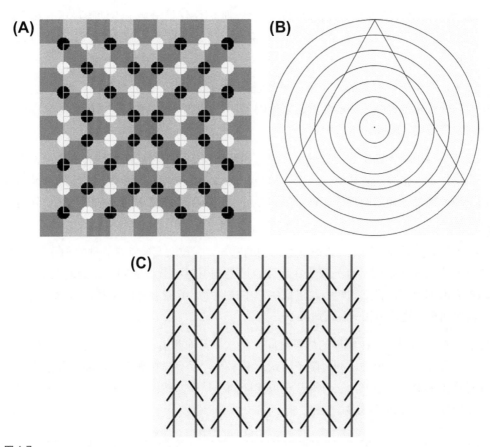

图 1-7
（A）棋盘中间并未凸起；（B）三角形的边没有弯曲；（C）红色的竖线是平行的

图 1-6 和图 1-7 中的例子显示，视觉被视觉环境所影响。然而，在当前环境下不同感官之间也会有感知的偏差。五官的感觉会同时相互影响。我们的触觉感受可能会被听到的、看到的或者闻到的所影响，视觉会被听觉影响，听觉也会被视觉影响。以下是我们的视觉影响听觉的两个例子。

- ❑ **McGurk 效应**　如果你观看一个视频，其中有人说着"吧、吧、吧"，接着"嗒、嗒、嗒"，然后"哇、哇、哇"，但音频一直是"吧、吧、吧"。你将会通过观看说话者的嘴唇运动而不是实际听到的来辨认他说的音节。只有当闭上眼睛或者转移目光，你才能真正听到实际语音发出的音节。我打赌你们不知道自己可以读唇，但事实上人们一天里这么做的次数相当多。
- ❑ **腹语**　腹语表演者并不转移自己的声音，他们仅仅是学会了不动嘴说话。观众的大脑感觉是与声音最近的那个动着的嘴在说话，就是腹语者表演用的玩偶的嘴（Eagleman，2012）。

反过来，听觉影响视觉的一个例子是幻觉闪光效果。当屏幕上的某一点短暂地闪了一下，但伴随着两个快速的蜂鸣声，就会看起来像闪了两下。类似地，感觉到的闪光频率也可以随点击鼠标的频率变化（Eagleman，2012）。

后续章节将解释人脑中的视觉感知、阅读和认知功能。现在就简单地表述为：识别一个字母、一个单词、一张脸或者其他任何物体的神经活动，都包含了环境刺激产生的神经信号的输入。这个环境包括感知到的其他邻近对象和事件，甚至由环境激活的、对以往感知到的对象和事件的记忆。

环境不仅影响人的感知，也影响低级动物的感知。一位朋友经常带着她的狗开车出门办事。一天当她开进自家车道时，有一只猫在前院。她的狗看见了就开始叫。我的朋友一打开车门，狗就蹿出去追那只猫，猫立刻转身跳进灌木丛中逃跑了。狗也扎进灌木丛，但没逮到猫。那之后的一段时间里，这条狗就一直很烦躁不安。

之后，在我的朋友住在那里的那段时间，每次她开车带着狗回到家，它就兴奋地叫起来，并在车门打开那一刻跳出去，冲过院子，跃入灌木丛。没有猫在那里，但那并不重要。乘着车回到家对这狗来说已经足够让它看见甚至可能闻到一只猫。然而，如果是走回家，比如每天遛完它后，"猫幻影"就不会发生。

目标影响感知

除了经验和当前环境会影响感知，我们的目标和对将来的计划也会影响我们的感知。具体地说，我们的目标可以做到如下的事。

❑ 引导我们的感觉器官，让我们从四周的环境根据需要采集样本。

❑ 对我们感知到的进行过滤：与目标无关的事物在被意识到之前就被过滤掉，也就不会被我们的主观意识注意到。

例如，当人们在软件里或者网站上寻找信息或者某个功能时，他们并不会认真阅读，只是快速而粗略地扫描屏幕上与目标相关的东西。他们不是仅仅忽略掉与目标无关的东西，而是经常根本注意不到它们。

现在就来体会一下。请在图 1-8 中的工具箱里找到剪刀，然后立刻回到这里。

图 1-8
工具箱：这里有剪刀吗

你发现剪刀了吗？现在不去看工具箱，你能说出来那里面有没有螺丝刀吗？

除了视觉，我们的目标还过滤其他感官的感知。一个熟悉的例子是"鸡尾酒会"效应。如果你在一个拥挤的酒会上与某人谈话，你能把大部分注意力放在他说的话上，即使身边还有许多人在对话。你对谈话的兴趣越大就越能过滤掉周围的对话。如果你对谈话内容感到乏味了，多半就会越来越多地听到周围的谈话。

这个效应首次记录于对空中交通管制员的研究中。即使控制室的同一个扩音器传出在同一个频道上同时进行的许多不同对话，空中交通管制员们仍然能够与被指派飞机上的飞行员进行对话（Arons，1992）。研究表明，在多个同时进行的对话中，专注于一个对话的能力不仅取决于对谈话内容感兴趣的程度，也取决于客观因素，如在杂音中熟悉的语音、常见"噪声"的量（如碗碟的碰撞声或者喧闹的音乐）以及能否预见谈话对象要说什么（Arons，1992）。

目标对感知的过滤在成人身上特别可靠，成人比儿童对目标更专注。儿童更容易被刺激驱使，目标较少地过滤他们的感知。这种特点使得他们比成人更容易分心，但也使得他们观察时更不容易产生偏差。

一个客厅游戏展示了年龄差异在感知过滤上的差别。它类似刚才的"工具箱"练习。大多数人的家里都有一个专门放厨房器具或者工具的抽屉。请一个人从客厅到那个抽屉所在的房间，要求他拿来某个工具，比如量勺或者水管扳手。当他带着工具回来时，问他在抽屉里是否有另外某个工具。大部分成人不记得抽屉里还有什么其他东西。但孩子们通常能够告诉你那里面还有什么其他东西，前提是他们完成了任务，而没有被抽屉里其他很酷的玩意彻底吸引。

感知过滤在网站导航中也能观察到。假设我要你去新西兰的坎特伯雷大学（见图 1-9）的主页并找出对计算机科学系研究生提供资助的信息。你会扫视网页并可能很快地点击那些含有与目标相关单词的链接：Departments（"院系"，左上）、Scholarships（"奖学金"，中间），还有 Postgraduate Students（"研究生"，左下）。如果你是个"搜索型"的人，也许就直接到搜索框（右上）输入与目标相关的单词，然后点击"Go"。

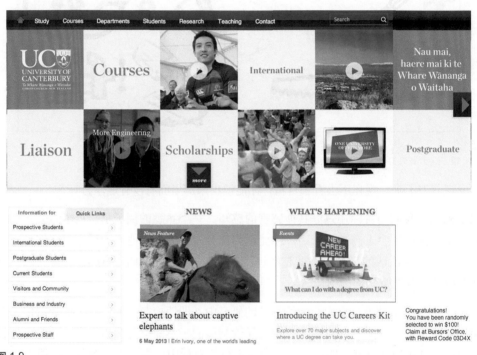

图 1-9
坎特伯雷大学主页：网页导航过程包含感知过滤

不论你是浏览还是搜索，都很可能没注意到自己被随机地挑中赢得 100 美元（右下）而直接离开了主页。为什么？因为那与你的目标无关。

当前的目标影响我们的感知的机理是什么？有两个。

- **影响我们注意什么**　感知是主动的，不是被动的。感知不是对周围事物的简单过滤，而是对世界的体验以及对需要理解的东西的获取。我们始终移动眼睛、耳朵、手、脚、身体和注意力去寻找周围与我们正在做或者正要做的事最相关的东西（Ware，2008）。如果在一个网站上找园区地图，那些能够引导我们去完成目标的对象就会吸引我们的眼睛和控制鼠标的手。我们会或多或少地忽略掉与目标无关的东西。

- **使我们的感知系统对某些特性敏感**　在寻找某件物品时，大脑能预先启动感官，使得它们对要寻找的东西变得非常敏感（Ware，2008）。例如，要在一个大型停车场找一辆红色轿车时，红颜色的车会在我们扫视场地时跃然而出，而其他颜色的车就几乎不会被注意到，即使我们的确"看到"了它们。类似地，当我们试图在一个黑暗拥挤的房间里寻找自己的伴侣时，大脑会对我们的听觉系统进行"编程"，从而对她或他的声音的频率组合非常敏感。

设计时将感知的影响因素考虑在内

这些对感知的影响因素对于用户界面设计有以下三点启发。

避免歧义

避免显示有歧义的信息，并通过测试确认所有用户对信息的理解是一致的。当无法消除歧义时，要么依靠标准或者惯例，要么告知用户用你期望的方式去理解歧义之处。

例如，电脑上的显示经常将按钮和文本输入框渲染成看起来高于背景面（见图 1-10）。这种显示方式依赖一个大多数有经验的电脑用户都熟悉的惯例——光源在屏幕的左上角。如果一个物体是以光源在不同的位置来渲染的话，用户则无法看出它是凸起的。

图 1-10
电脑屏幕上的按钮经常带有阴影以呈现三维效果，但这种惯例只在假设模拟光源在左上角时才有用

保持一致

在一致的位置摆放信息和控件。不同页面上提供的相同功能的控件和数据显示应该摆放在每一页上相同的位置，而且它们还应该有相同的颜色、字体和阴影等。这样的一致性能让用户很快地找到和识别它们。

理解目标

用户去用一个系统是有目标的。设计者应该了解这些目标，要认识到不同用户的目标可能不同，而且他们的目标强烈左右他们能感知到什么。在一次交互的每个点上，确保提供了用户需要的信息，并非常清晰地对应到一个可能的用户目标，使用户能够注意到并使用这些信息。

第 2 章

我们的视觉经过优化更容易看到结构

20 世纪早期，一个由德国心理学家组成的研究小组试图解释人类视觉的工作原理。他们观察了许多重要的视觉现象并对它们编订了目录。其中最基础的发现是，人类视觉是整体的：我们的视觉系统自动对视觉输入构建结构，并且在神经系统层面上感知形状、图形和物体，而不是只看到互不相连的边、线和区域。"形状"和"图形"在德语中是 Gestalt，因此这些理论也就叫做视觉感知的格式塔（Gestalt）原理。

如今的感知和认知心理学家更多是把格式塔原理视为描述性的框架，而不是解释性和预测性的理论。如今的视觉感知理论更倾向基于眼球、视觉神经和大脑的神经心理学（见第 4 章到第 7 章）。

并不意外，神经心理学家的发现支持了格式塔心理学家的观察结果。我们像其他动物一样，依据整体的对象来感知周围的环境——这是有神经系统基础的（Stafford & Webb，2005；Ware，2008）。因此，格式塔原理虽然不是对视觉感知的基础性解释，但仍然是一个合理的描述框架。格式塔原理也为图形和用户界面设计准则提供了有用的基础（Soegaard，2007）。

对我们当前的讨论，最重要的格式塔原理有：接近性原理、相似性原理、连续性原理、封闭性原理、对称性原理、主体 / 背景原理和共同命运原理。在后续小节中，我会介绍每个原理，并列举静态图形设计和用户界面设计的例子。

格式塔原理：接近性

接近性原理是指，物体之间的相对距离会影响我们感知它们是否以及如何组织在一起。互相靠近（相对于其他物体）的物体看起来属于一组，而那些距离较远的就不是。

在图 2-1 中，左边的星相互之间在水平方向上比在垂直方向上靠得更近，因此我们看到星排成三行；而右边的星在垂直方向上更接近，因此我们看到星排成三列。

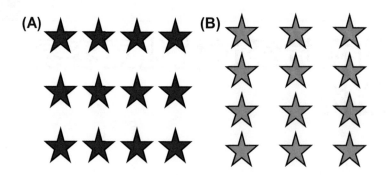

图 2-1
接近性：相互靠近的物体看起来属于一组。A 图为成行的星，B 图为成列的星

接近性原理与软件、网站和电器设备中的控件面板和数据表单的布局明显相关。设计者们经常使用分组框或分割线将屏幕上的控件和数据显示分隔开（见图 2-2）。

图 2-2
在 Outlook 的分发列表成员的对话框中，操作列表按钮放置在一个分组框里，与窗口控制按钮分开

然而，根据接近性原理，可以通过拉近某些对象之间的距离，拉开与其他对象的距离使它们在视觉上成为一组，而不需要分组框或者可见的边界（见图 2-3）。许多图形设计专家推荐这

一方式来减少用户界面上的视觉凌乱感和代码数量（Mullet & Sano，1994）。

图 2-3
Mozilla Thunderbird 的订阅目录对话框中使用了接近性原理来摆放控件

　　相反地，如果控件摆放得不合适，比如，相关的控件之间距离太远，人们就很难感知到它们是相关的，软件就变得更加难以学习和记忆。例如，Discreet 软件安装程序将代表双项选择的六对单项按钮横向摆放，但根据接近性原理，它们的间距使其看起来像两列垂直摆放的单项按钮，每列代表了一个六项选择。不经过尝试，用户是无法学会如何操作这些选项的（见图 2-4）。

图 2-4
在 Discreet 的软件安装程序中，摆放不正确的单项按钮看起来是按列分组的

格式塔原理：相似性

　　格式塔相似性原理指出了影响我们感知分组的另一个因素：如果其他因素相同，那么相似的物体看起来归属于一组。在图 2-5 里，稍微大一点的"空心"星感觉上属于一组。

图 2-5

相似性：如果物体看起来相似，就感觉属于一组

    Mac OS 应用程序中的页面设置对话框使用了相似性原理和接近性原理来体现分组（见图 2-6）。这三个非常相似和靠近的页面方向设置很清晰地表明它们归属于一组。三个菜单并不紧靠着摆放，但因看起来足够相似而显得相关，虽然这可能并不是设计初衷。

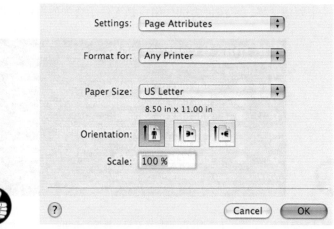

图 2-6

Mac OS 的页面设置对话框：在方向设置上使用了接近性原理和相似性原理

    类似地，出版商 Elsevier 的网站将一个表单中的上方八个文本输入框组织为姓名和地址组，三个拆分字段为电话号码组，还有两个单独的文本框。四个菜单，不仅作为输入项，而且将文本输入框分开（见图 2-7）。相比之下，标签就离对应的字段太远了。

Title (Mr, Ms, Dr etc):	**Please Select**
First name:	
Last name:	
Job title:	
Institution/Organisation:	
Number and Street:	
City:	
State/County:	
Zip Code/Postal Code:	
Country:	**Please Select**
Work phone:	
Home phone:	
Fax:	
How did you find out about this Web site:	Please select
Other:	
Please select the option which most closely describes you as a customer:	Please select
E-mail:	

图 2-7

Elsevier 网站的在线表单：相似性原理让文本框看起来属于不同的组

格式塔原理：连续性

上述两个格式塔原理都与我们试图给对象分组的倾向相关，另外几个格式塔原理则与我们的视觉系统试图解析模糊或者填补遗漏来感知整个物体的倾向相关。第一个是连续性原理：我们的视觉倾向于感知连续的形式而不是离散的碎片。

例如，在图 2-8A 中，我们自动看到了一蓝一橙两条交叉的线。我们看到的不是两段橙色线和两段蓝色线，也不是一个左蓝右橙的 V 形位于一个左橙右蓝的倒 V 形之上。在 B 图中，我们看到的是一只水中的海怪，而不是一只海怪的三段身体。

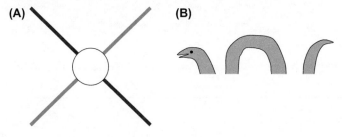

图 2-8

连续性：人类视觉倾向于看到连续的形式，必要时甚至会填补遗漏

在图形设计中，使用了连续性原理的一个广为人知的例子就是 IBM 的标志。它由非连续的蓝色块组成，但一目了然，很容易就能看到三个粗体字母，就像透过百叶窗看到的效果（见图 2-9）。

图 2-9
IBM 公司的标志使用了连续性原理使非连接的色块形成字母

滑动条控件是使用了连续性原理的一个用户界面示例。滑动条表示一个范围，我们看到的是滑动条某个位置上有一个"被控制"的滑块，而不是由滑块分隔成的两个不同区间（见图 2-10A）。即使将滑块的两端的滑动条显示成不同颜色，也不会完全"打破"我们对滑动条是一个连续整体的感知，尽管 ComponentOne 选择使用强烈反差的颜色（灰色与红色）肯定会稍微影响人们连续性的感知（见图 2-10B）。

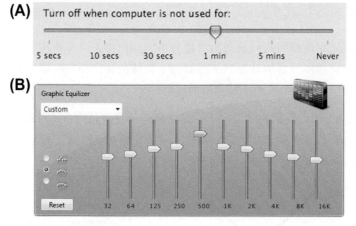

图 2-10
连续性：我们眼中的滑动条是一个在其某处有个滑块的狭槽，而不是由滑块分隔开的两个狭槽

格式塔原理：封闭性

与连续性相关的是格式塔封闭性原理：我们的视觉系统自动尝试将敞开的图形关闭起来，

从而将其感知为完整的物体而不是分散的碎片。因此，我们将图 2-11A 中分散的弧形感知为一个圆。

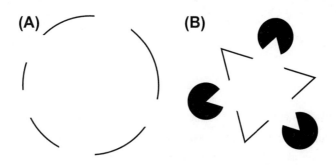

图 2-11
封闭性：人类视觉倾向于看到整个物体，即使它们是不完整的

我们的视觉系统强烈倾向于看到物体，以至于它能将一个完全空白的区域解析成一个物体。我们能将图 2-11B 中的形状组合感知为一个白色三角形、另一个三角形和三个黑色圆形叠加在一起，即使画面实际上只有三个 V 形和三个黑色的吃豆人。

封闭性原理经常被应用于图形用户界面（GUI）。例如，GUI 经常用叠起的形式表示对象的集合，例如文档或者消息（见图 2-12）。仅仅显示一个完整的对象和其"背后"对象的一角就足以让用户感知到由一叠对象构成的整体。

图 2-12
描绘一叠对象的图标展示了封闭性原理：部分可见的对象被感知为一个整体

格式塔原理：对称性

格式塔对称性原理则抓住了我们观察物体的第三种倾向性：我们倾向于分解复杂的场景来降低复杂度。我们的视觉区域中的信息有不止一个可能的解析，但我们的视觉会自动组织并解析数据，从而简化这些数据并赋予它们对称性。

例如，我们将图 2-13 中左边复杂的形状看成是两个叠加的菱形，而不是两块顶部对接的隅砖或者一个中心为小四方形的细腰八边形。一对叠加的菱形比其他两个解释更简单，它的边更少并且比另外两个解析更对称。

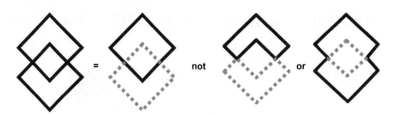

图 2-13

对称性：人类的视觉系统试图将复杂的场景解析为简单和对称形状的组合

在印刷图片和电脑屏幕上，可以利用视觉系统对对称性原理的依赖，用平面显示来表现三维物体。这可以从 Paul Thagard 的著作 *Coherence in Thought and Action*（Thagard，2002，见图 2-14）的封面设计和一个城市景观的三维渲染中看出（见图 2-15）。

图 2-14

Coherence in Thought and Action 一书的封面使用了对称性、封闭性和连续性原理来表现一个立方体

图 2-15

对称性：人类视觉系统将非常复杂的二维图像解析成三维场景

格式塔原理：主体／背景

下一个描述我们的视觉系统如何组织数据的格式塔原理是主体／背景原理，它指出我们的大脑将视觉区域分为主体和背景。主体包括一个场景中占据我们主要注意力的所有元素，其余的则是背景。

主体／背景原理也说明场景的特点会影响视觉系统对场景中的主体和背景的解析。例如，当一个小物体或者色块与更大的物体或者色块重叠时，我们倾向于认为小的物体是主体而大的物体是背景（见图 2-16）。

图 2-16

主体／背景：当物体重叠时，我们把小的那个看成是背景之上的主体

然而，我们对主体与背景的差别的感知并不全部由场景的特点决定，也依赖于观者注意力的焦点。荷兰艺术家 M. C. Escher 利用这个现象创作了二义性的画作，其中的主体和背景随着我们的注意力的转换而交替变化（见图 2-17）。

图 2-17

M. C. Escher 在他的作品中利用了主体／背景二义性

在用户界面设计和网页设计中，主体／背景原理经常用来在主要显示内容的"下方"放置印象诱导的背景（见图 2-18）。背景可以传递信息（用户当前所在位置），或者暗示一个主题、品牌或者内容所表达的情绪。

图 2-18

AndePhotos 上使用主体／背景原理来显示在内容"下方"的主题水印

主体／背景原理也经常用来在其他内容之上弹出信息。作为用户注意力焦点的内容临时成为了新信息的背景，新的信息短暂地作为新的主体（见图 2-19）。这种方式通常比将旧信息临时替换成新信息更好，因为这能够帮助用户理解他们在交互中所处的环境。

图 2-19

GRACEUSA.org 使用主体／背景原理在页面内容"上方"弹出一幅照片

格式塔原理：共同命运

前面6个格式塔原理针对的是静态（非运动）图形和对象，最后一个格式塔原理——共同命运，则涉及运动的物体。共同命运原理与接近性原理和相似性原理相关，都影响我们所感知的物体是否成组。共同命运原理指出一起运动的物体被感知为属于一组或者是彼此相关的。

例如，在数十个五边形中，如果其中7个同步地前后摇摆，人们将把它们看成相关的一组，即使这些摇摆的五边形互相之间是分离的，而且看起来与其他的也没什么不同（见图2-20）。

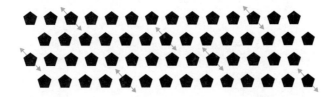

图 2-20
共同命运：一起运动的物体看起来是一组的或者相关的

共同的运动暗示共同的历程，在一些动态模拟中可用以展示不同实体的关系。例如，GapMinder 的图像中代表国家的点模拟经济发展的多个因素随着时间变化而变化，一同运动的国家具有相同的发展历史（见图2-21）。

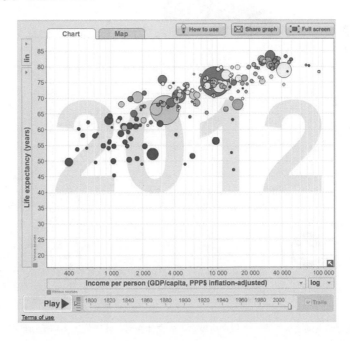

图 2-21
共同命运：GapMinder 动画模拟点显示哪些国家具有相似的发展历史

将格式塔原理综合起来

当然，在现实世界的视觉场景中，各种格式塔原理不是孤立的，而是共同起作用的。例如，一个典型的 Mac OS 桌面通常可以示范之前提到 7 个原理中的 6 个（除了共同命运原理）：接近性原理、相似性原理、连续性原理、封闭性原理、对称性原理以及主体 / 背景原理（见图 2-22）。在典型的桌面中，当用户一次选取多个文件或者目录并拖曳到新的位置时，就用到了共同命运原理（还有相似性原理）（见图 2-23）。

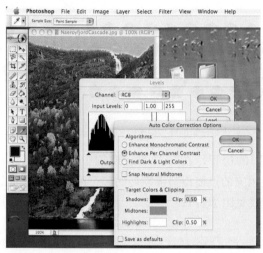

图 2-22

除了共同命运原理，所有的格式塔原理在 Mac OS 桌面的这一部分都发挥了作用

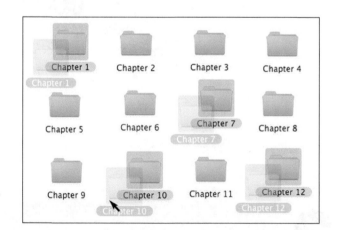

图 2-23

相似性原理和共同命运原理：当用户拖曳选中的文件夹时，共同的高亮和运动使得所有被选中的文件夹看起来是一组的

　　同时用上所有的格式塔原理时，设计可能会导致无意产生的视觉关系。推荐的办法是，在设计一个显示之后，使用每个格式塔原理（接近性原理、相似性原理、连续性原理、封闭性原理、对称性原理、主体/背景原理以及共同命运原理）来考量各个设计元素之间的关系是否符合设计的初衷。

第 3 章

我们探索和利用视觉结构

第 2 章使用格式塔原理来展示视觉系统是如何被优化从而感知结构的。在我们所处的环境里，感知结构让我们能更快地了解物体和事件。第 2 章也提到了当人们在软件和网站中导航时，并不会仔细检查屏幕并阅读每一个词，而是快速扫描相关信息。本章将展示几个例子，来说明当信息以简洁和结构化的方式呈现时，人们更容易浏览和理解。

考虑一下对同一机票预定信息的两种呈现方式：一种是松散无结构的文字，另一种是以概述的形式结构化的文字（见图 3-1）。与用松散文字呈现的信息相比，结构化呈现的订票信息能够被更快地浏览和理解。

Unstructured:

You are booked on United flight 237, which departs from Auckland at 14:30 on Tuesday 15 Oct and arrives at San Francisco at 11:40 on Tuesday 15 Oct.

Structured:

Flight: **United 237, Auckland → San Francisco**
Depart: **14:30 Tue 15 Oct**
Arrive: **11:40 Tue 15 Oct**

图 3-1
结构化呈现的航班预定信息更容易浏览和理解

信息呈现方式越是结构化和精炼，人们就越能更快、更容易地浏览和理解。看看加利福尼亚州机动车管理局网站的内容页面（见图 3-2），啰嗦重复的链接拖慢了用户的查看速度，并且把他们需要看到的重要文字都"掩埋"了。

假设有个更精炼、更结构化的设计，去掉重复并只把代表选项的文字标记为链接，再比较一下（见图 3-3）。所有存在于实际网页中的选项在新设计里都保留了，但占用的页面空间更少，同时也更容易浏览。

Renewals, Duplicates, and Information Changes for Driver Licenses and/or ID Cards

- How to renew your driver license in person
- How to renew your driver license by mail
- How to renew your driver license by Internet
- How to renew your instruction permit
- How to apply for a duplicate driver license or identification (ID) card
- How to change your name on your driver license and/or identification (ID) card
- How to notify DMV of my change of address
- How to register for the organ donor gift of life program

图 3-2

加利福尼亚州机动车管理局网站的内容页面上，重要的信息被掩埋在散乱重复的文字之中

Licenses & ID Cards:　**Renewals, Duplicates, Changes**

• Renew license:	in person	by mail	by Internet
• Renew:	instruction permit		
• Apply for duplicate:	license	ID card	
• Change of:	name	address	
• Register as:	organ donor		

图 3-3

去掉加利福尼亚州机动车管理局网站内容页面上重复的文字，使用更好的视觉结构

　　显示搜索结果也是如此，可以通过信息结构化和避免重复的"噪声"来提高用户浏览速度，从而更快找到所要的结果。2006 年，HP.com 的搜索结果里每条搜索结果带有太多重复的导航信息和元数据，这毫无用处。到了 2009 年，HP 消除了重复并把结果结构化，使得它们更容易浏览，也更有用了（见图 3-4）。

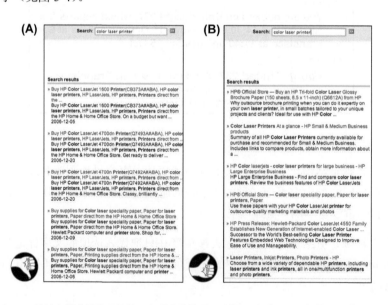

图 3-4

2006 年，HP.com 的站内搜索呈现重复的、高噪声的结果（A 图），但在 2009 年做了改进（B 图）

当然，要让信息能够被快速地浏览，仅仅把它们变得精炼、结构化和不重复还不够，它们还必须遵从图形设计的规则，第 2 章已经介绍了其中的一些。

例如，一个房地产网站上的预览版的按揭计算器将其计算结果用表单的形式展示，就违反了至少两条重要的图形设计的规则（见图 3-5A）。其一，人们在线或离线阅读时通常是从上往下，但计算结果的标签却被放置在其结果值的下方；其二，标签和对应的值与下一个值之间的距离一样近，因此标签与其对应的值不能通过接近性（见第 2 章）被感知到是相关的。用户要理解这张按揭计算表格，就得非常费劲地认真检查，慢慢地搞清楚哪个标签对应哪个值。

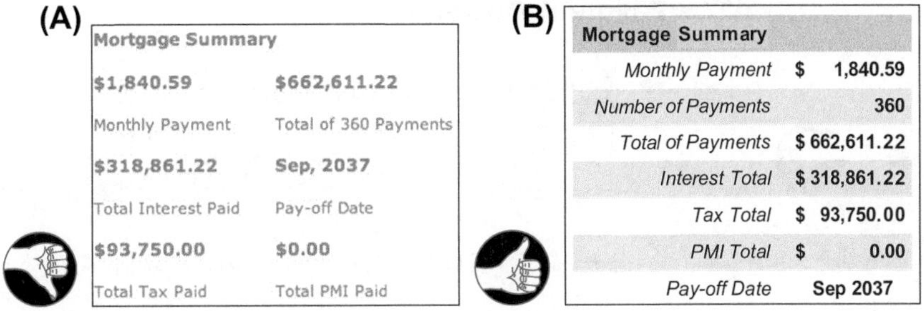

图 3-5

A 图为一个按揭计算软件显示的按揭计算汇总，B 图为改进后的设计

相反，在改进后的设计中，用户不必依靠主动思考就能明白标签和值之间的对应关系（见图 3-5B）。

结构提高了用户浏览长数字的能力

即使是少量的信息也能通过结构化使其更容易被浏览。电话号码和信用卡号码（见图 3-6）就是两个例子。为了便于浏览和记忆，习惯上这两类号码会被分割为多个部分。

Easy:	(415) 123-4567
Hard:	4151234567
Easy:	1234 5678 9012 3456
Hard:	1234567890123456

图 3-6

电话号码和信用卡号码分段后更容易查看和理解

一个长串的数字可以用两种方式分隔：用户界面明确地为不同部分提供独立字段，或者界面提供一个字段，但允许用户输入时将号码用空格或者其他符号分隔开（见图 3-7A）。然而，现在许多电脑上电话号码和信用卡号码都没有分割开，也不允许用户用空格分开（见图 3-7B）。

这样的限制使用户查看和核实号码变得非常困难，因此被认为是在用户界面设计中犯了一个愚蠢的错误（Johnson，2007）。软件和网站的表格应该支持用户以多样化的方式输入信用卡号码、社会保险号码、电话号码等信息，然后将其解析为内部格式。

图 3-7

（A）信用卡号码允许包含空格；（B）不允许信用卡号码带有空格，使得号码难以查看与核实

即使要输入的数据在严格意义上讲不是数字，分割开的数据字段也能提供有用的视觉结构。日期就是这样一个例子，就像美洲银行网站上日期字段的例子所示，分隔开的字段不仅提高了可读性，还能防止输入错误（见图 3-8）。

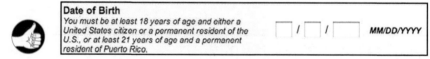

图 3-8

在 BankOfAmerica.com 上，分开的数据字段提供了有用的结构

数据专用控件提供了更多的结构

结构从分割字段再往前一步就是数据专用控件。设计者可以用控件而不是用简单的文本输入框（不论分割还是不分割的）来显示某个具体类型的数据值和接收输入。例如，日期可以用菜单与弹出日历控件合并的形式来显示和接受（见图 3-9）。

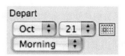

图 3-9

在 SWA.com 上，日期的显示和输入采用一个专门为日期设计的控件

将分段的文本字段和数据专用控件合并起来也可以提供可视化结构，就像美国西南航空（SWA）网站上的电子邮件地址输入字段（见图 3-10）。

图 3-10

在 SWA.com 上，使用分段的文本输入并结合数据专用控件来显示和接收邮件地址

视觉层次让人专注于相关的信息

可视化信息显示的最重要目标之一，是提供一个视觉层次，即信息的布置安排能够：

❏ 将信息分段，把大块整段的信息分割为各个小段；

❏ 显著标记每个信息段和子段，以便清晰地确认各自的内容；

❏ 以一个层次结构来展示各段及其子段，使得上层的段能够比下层得到更重点的展示。

当用户查看信息时，视觉层次能够让人从与其目标不相关的内容中立刻区分出与其目标更相关的内容，并将注意力放在他们所关心的信息上。因为他们能够轻松地跳过不相关的信息，所以能更快地找到要找的东西。

你可以自己试试看。在图 3-11 所示的两种信息显示方式中，试着找出关于"显著程度"（Prominence）的信息。在非层次化的呈现方式中你需要多耗掉多少时间才能找到？

(A) Create a Clear Visual Hierarchy

Organize and prioritize the contents of a page by using size, prominence, and content relationships. Let's look at these relationships more closely. The more important a headline is, the larger its font size should be. Big bold headlines help to grab the user's attention as they scan the Web page. The more important the headline or content, the higher up the page it should be placed. The most important or popular content should always be positioned prominently near the top of the page, so users can view it without having to scroll too far. Group similar content types by displaying the content in a similar visual style, or in a clearly defined area.

(B) **Create a Clear Visual Hierarchy**

Organize and prioritize the contents of a page by using size, prominence, and content relationships.

Let's look at these relationships more closely:

- **Size.** The more important a headline is, the larger its font size should be. Big bold headlines help to grab the user's attention as they scan the Web page.

- **Prominence.** The more important the headline or content, the higher up the page it should be placed. The most important or popular content should always be positioned prominently near the top of the page, so users can view it without having to scroll too far.

- **Content Relationships.** Group similar content types by displaying the content in a similar visual style, or in a clearly defined area.

图 3-11

分别在这两个关于信息展示的文字里找出关于"显著程度"的建议。大块连续的文字（A 图）逼迫人们读所有内容，可视化层次的方式（B 图）能让人们忽略与自己目标不相关的信息

　　图 3-11 的例子体现了视觉层次在文本、只读的信息展示中的价值。在交互控制面板和表单中，可视化层次也同样重要，甚至更重要。比较两个音乐软件产品的对话框（图 3-12）。Band-in-a-Box 的重校音对话框的可视化层次就比较糟糕，用户很难快速找到要找的设置，而 GarageBand 的 Audio/MIDI 的控制面板的视觉层次就很好，用户能很快找到感兴趣的设置。

图 3-12

在交互控制面板和表单中，视觉层次能让用户很快找到设置。A 图：Band-in-a-Box（糟糕的设计）；B 图：GarageBand（好的设计）

经www.OK/Cancel.com许可使用

第 4 章

色觉是有限的

人类的色彩感知既有优势也有限制，其中不少与用户界面设计相关，例如：

- ❏ 我们的视觉是为检测反差（边缘）优化的，而不是绝对亮度；
- ❏ 我们辨别颜色的能力依赖于颜色的呈现方式；
- ❏ 有些人是色盲；
- ❏ 屏幕和观看条件会影响用户对颜色的感知。

要理解人类色觉的这些特点，我们首先简单描述一下人类视觉系统如何处理环境中的颜色信息。

色觉的原理

如果你在学校上过心理学或者神经生理学的课程，或许你已经知道了眼睛内的视网膜（也就是眼球里聚焦成像的表面）有两类感光细胞：视杆细胞和视锥细胞。你或许也了解了视杆细胞察觉光线强度但感觉不到颜色，而视锥细胞能察觉颜色。最后，你或许还知道有三类视锥细胞，分别对红色、绿色和蓝色光敏感，这意味着我们的色觉与摄影机和计算机显示器类似，通过红色、绿色和蓝色像素的组合来探测或形成多种颜色。

人们在学校里学到的知识只有一部分是正确的。对于视觉系统正常的人，视网膜上的确有对亮度敏感的视杆细胞和三种对不同频率的光敏感的视锥细胞[①]。然而目前，大部分人在学校里学到的知识与真实的情况存在有一定差距。

首先，处于工业化社会中的我们几乎用不到视杆细胞，它们只在低亮度下工作。在光线很暗的环境中，如 19 世纪前我们祖先所生活的环境中，它们才起作用。今天，我们只有在烛光晚餐、夜里在黑暗屋子周围摸索、夜晚在外宿营等情况下才用到视杆细胞。（见第 5 章。）在明亮的白天和人工照明环境（我们在此打发的时间最多）下，视杆细胞则完全过曝了，不能提供任何有用信息。大部分时间里，我们的视觉完全基于视锥细胞所提供的信息（Ware，2008）。

那么视锥细胞是如何工作的？三种视锥细胞分别对红色、绿色和蓝色光敏感吗？事实上，

[①] 色盲患者的视锥细胞可能少于三种，一些女性的视锥细胞可能有四种（Eagleman，2012）。

每种视锥细胞敏感的光谱比你想象的还要广，而且三者的敏感范围是互相重叠的。此外，这三类视锥细胞的敏感度相差非常大（图 4-1A）。

- ❑ **低频**　这些视锥细胞对整个可见光频谱都敏感，但对处于频谱中间的黄色和低频的红色最敏感。
- ❑ **中频**　这些视锥细胞对从高频的蓝色到中频偏低的黄色和橙色有反应，但在整体上，它们的敏感度低于低频的视锥细胞。
- ❑ **高频**　这些视锥细胞对可见光的高频部分（紫色和蓝色）最敏感，但对中频（如绿色）的敏感度较低。此类视锥细胞的整体敏感度较前两者都低，数量上也更少。因此，我们的眼睛对蓝色和紫色不如对其他颜色敏感。

可以比较下面两张图。图 4-1A 为视网膜上视锥细胞对光的敏感度，图 4-1B 为电子工程师设计的对红色、绿色和蓝色敏感的光感受器的敏感度，如照相机。

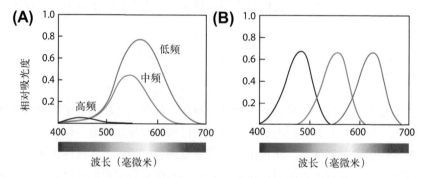

图 4-1
视网膜三类视锥细胞对光的敏感度（A 图），对比人造红色、绿色和蓝色光感受器对光的敏感度（B 图）

在了解了我们视网膜上的这三类视锥细胞敏感度的奇怪关系后，我们就会对大脑如何综合视锥细胞传来的信号从而看到各种颜色而感到好奇了。

答案就是：**做减法**。大脑后部视皮层上的神经元将通过视神经传递来的中频和低频视锥细胞的信号去掉，得到一个"红—绿"减影信号通道。另一些神经元将来自高频和低频视锥细胞的信号去掉，得到一个"黄—蓝"减影信号通道。第三组神经元将来自低频和中频视锥细胞的信号相加产生一个整体的亮度（或者叫"黑—白"）信号通道[①]。这三个通道叫做**颜色对抗通道**。

接下来，大脑对所有颜色对抗通道做更多的减法处理：来自视网膜上某个区域的信号将被来自其附近区域的类似信号减掉。

---

① 整体亮度忽略了高频视锥细胞（蓝—紫）的信号，因为这些视锥细胞不敏感，影响很小。

视觉是为边缘反差而不是为亮度优化的

所有这些减法处理使得我们的视觉系统对颜色和亮度的差别，即对比鲜明的边缘，比对绝对的亮度水平要敏感得多。

为验证这一点，请看图4-2中内部的色块。内部色块右边的颜色看上去更深一些，但实际上左右两边的灰度是一样的。我们的视觉系统对差异十分敏感，因为外部矩形块的左边颜色较深，右边颜色较浅，这才使得我们感觉，内部色块的左边较浅，右边较深。

图 4-2
内部色块右边的颜色看上去更深一些，但实际上左右两边的灰度是一样的

视觉系统对对比度敏感而不是对绝对亮度敏感是人类的一个优势，这样我们原始社会的祖先无论是在阳光普照的晌午，还是在阴云密布的清晨，都能分辨出躲在附近灌木丛中的豹以及其他类似的危险动物。同样，对颜色对比度而不是对绝对色彩敏感，会让我们觉得阳光下和阴影里的玫瑰花都一样红。

大脑研究者 Edward H. Adelson 在麻省理工学院做了一个非常出色的图解，来说明我们的视觉系统对绝对亮度不敏感而对反差敏感（见图4-3）。难以置信的是，棋盘上的方块 A 与方块 B 深浅一致。方块 B 看起来是白色的，是因为它处于圆柱体的阴影之下。

图 4-3
标记的方块 A 和方块 B 是同一种灰色，但我们觉得 B 是白色的，因为它在"影子"里

区别颜色的能力取决于颜色是如何呈现的

我们对颜色之间差别的察觉也是有限的。基于视觉系统运作的方式，有以下三个呈现因素影响了我们区分颜色的能力。

- ❑ **深浅度**　两个颜色越浅（不饱和），就越难将它们区分开（见图 4-4A）。
- ❑ **色块的大小**　对象越小或者越细，就越难辨别它们的颜色（见图 4-4B）。
- ❑ **分隔的距离**　两个色块之间离得越远，就越难区分它们的颜色，尤其是当它们之间的距离大到眼球需要运动时（见图 4-4C）。

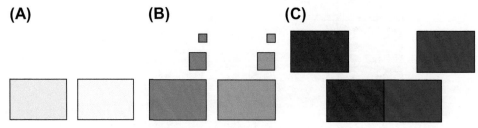

图 4-4
影响到区别不同颜色能力的因素：（A）深浅，（B）大小，（C）分隔的距离

几年前，在线旅游网站 ITN.net 使用了两个浅色（白色和浅黄色）来标示用户在预定流程中正处于哪个步骤（见图 4-5）。有些用户就没法看到。

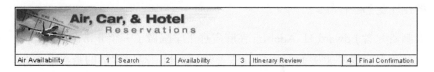

图 4-5
在 ITN.net（2003 年）网站上，用浅色标记当前所在步骤，导致用户很难看清自己处在航班预定流程中的哪一步上

在数据图表中经常能看到小的色块。许多商业制图软件会在图表旁边生成图例，但图例中的色块非常小（见图 4-6）。图例中的色块应该大到能帮助用户辨别不同的颜色（见图 4-7）。

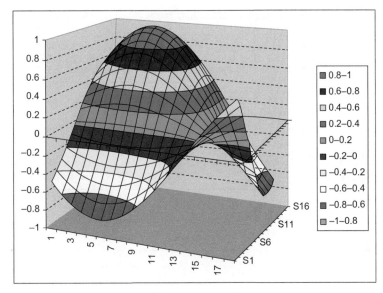

图 4-6

图例中小色块很难被区分

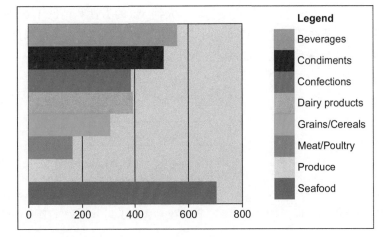

图 4-7

图例中使用大色块就容易区分不同颜色

　　网站上常常用颜色来区别访问过和未访问过的链接。在某些网站上，二者的颜色太接近了。明尼阿波利斯市的联邦储备银行的网站（见图 4-8）就有这样的问题。此外，它用的两种颜色是深浅不同的蓝色，而蓝色是人眼最不敏感的颜色。你能找到那两个访问过的链接①吗？

---

　　① 图 4-8 中已访问的链接是：Housing Units Authorized 和 House Price Index。

- <u>Housing Units Authorized, Percent Change October 2005</u>
  <u>Year-to-Date Compared With a Year Earlier</u>
- <u>Electricity Consumption per Capita, 2001</u>
- <u>Drinking and Wastewater Needs per Capita, 2003 Dollars</u>
- <u>Manufactured Homes as a Percent of Total Homes, 2000</u>
- <u>Percent of Occupied Housing Units That Are Owner Occupied</u>
- <u>Percent Change in Private Employment Due to Growth/Decline in</u>
  <u>Establishments, 2000-2001</u>
- <u>Labor-Force Participation Rate, 2002</u>
- <u>Number of Bank Offices per 10,000 People, 2003</u>
- <u>Total Foreign-Born, 2000</u>
- <u>Retail Gasoline Prices, May 17, 2004</u>
- <u>Total Manufactured Exports per Capita, 2003</u>
- <u>House Price Index,</u>
  <u>Percent Change-Third Quarter 2002 to Third Quarter 2003</u>
- <u>State and Local Government Per Capita General Fund Expenditure, 1977-</u>
  <u>2000</u>

图 4-8

在 MinneapolisFed.org 上，访问过和未访问过的链接在颜色上的差别太细微了

色盲

在颜色呈现上影响交互系统设计准则的第四个因素是，使用的颜色是否能够被常见类型的色盲用户区分开。色盲并不意味着看不到颜色，而只是一个或者多个色彩减影通道（见上文）无法正常工作，以致不能区分某些颜色对。大约 8% 的男性和稍低于 0.5% 的女性有颜色感知障碍[①]，难以区分某些颜色对（Wolfmaier，1999）。最常见的色盲是红绿色盲，其他色盲比较少见。图 4-9 展示了红绿色盲的人难以区分的几对颜色。

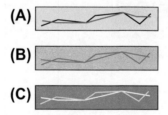

图 4-9

红绿色盲者无法区分：（A）深红色和黑色，（B）蓝色和紫色，（C）浅绿色和白色

家庭金融软件 MoneyDance 提供了家庭支出分解的图表，用不同颜色来标记不同类别的消费（见图 4-10）。不幸的是，其中许多颜色是色盲人士无法区分的色相。例如红绿色盲的人无法区分蓝色和紫色，或者绿色和卡其色。如果你不是色盲，可以将图像转换为灰度图，来了解图上哪些颜色是难以区分的（见图 4-11）。但最好像本章节后续内容"使用色彩的准则"中将要提到的那样，用色盲滤镜或模拟器来测试一下图像（参见图 4-12）。

[①] 常用的术语是"色盲"，但"颜色视觉障碍"、"视觉不健全"、"视觉缺陷"、"色混"和"色弱"更准确。"颜色残疾"也有使用。完全看不到颜色的人极少。

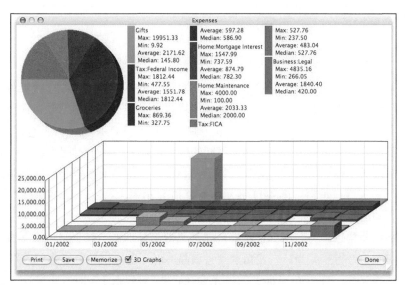

图 4-10

MoneyDance 的图表使用了某些用户无法区分的颜色

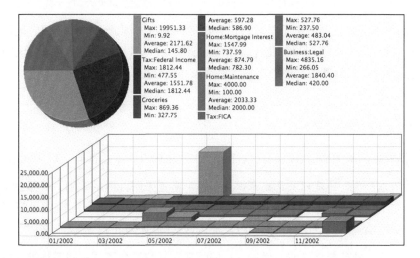

图 4-11

转换为灰度图后的 MoneyDance 图表

(A) Google **(B)** Google

图 4-12

Google 的标志：（A）正常视觉下的观察效果，（B）红绿色盲滤镜下的观察效果

影响色彩区分能力的外部因素

外部环境因素也能影响人们分辨色彩的能力，例如以下一些因素。

❑ **彩色显示屏的差异** 电脑显示屏因各自采用的技术、驱动程序或者色彩设置的不同，在色彩显示上存在差异。即使是采用同样设置的同一型号显示器，在色彩显示上也会有轻微的不同。在一台显示器上看起来是黄色的东西，在另一台上看起来可能就是米黄色。而在一台显示器上看起来明显不同的颜色，在另一台上看起来也许就是相同的。

❑ **灰度显示器** 虽然大部分显示器是彩色的，但还是有些设备，尤其是小型手持设备，采用了灰度显示器。图 4-11 展示了在灰度显示器上，一些原本颜色不同的区域看起来是相同的。

❑ **显示器角度** 一些电脑显示器，尤其是液晶显示器，在直视角度观看要比偏一定角度看时效果好得多。当从一定角度观看液晶屏时，色彩以及色彩之间差别都会发生变化。

❑ **环境光线** 照射在屏幕上的强光会在将明暗区域的差别"冲洗"掉之前先将色彩"冲洗"掉，将彩色屏变成灰度屏，在阳光直射下使用过银行自动柜员机的人都体会过这种情况。办公室里的眩光和百叶窗的影子都能使颜色看起来不一样。

这四种外部因素通常都不是软件设计者能控制的。因此，设计者们应记住他们并不对用户的观看体验具有完全的控制。在普通办公室照明条件下，用开发环境里的电脑显示器看到的高辨识度的色彩，在软件的其他使用环境里就未必能够分辨得出来。

使用色彩的准则

在依赖颜色来传递信息的交互软件系统中，遵循以下 5 条准则，以保证用户能够获取信息。

(1) 用饱和度、亮度以及色相来区分颜色。避免采用轻微的差别，确保色彩之间有较高的反差（但要参考准则 5）。一个测试颜色差异的办法是在灰度模式下观察。如果你不能在灰度模式下区分出不同的颜色，那么这些颜色之间的差别就不够。

(2) 使用独特的颜色。前面说过，我们的视觉系统综合了从视网膜视椎细胞传来的信号而生成的三个"颜色对抗通道"：红－绿、黄－蓝和黑－白（亮度）。能够在三个颜色感知通道中的一个上触发强信号（正或者负），而在另外两个通道上触发空信号的颜色是人们能够最轻易区分的。这些颜色就是红、绿、黄、蓝、黑和白（见图 4-13）。所有其他颜色都会在超过一个通道上产生信号，因此我们的视觉系统无法像分辨这 6 种颜色一样快速和轻松地分辨它们（Ware，2008）。

图 4-13

最独特的颜色：黑、白、红、绿、黄、蓝。每种颜色仅在一个颜色对抗通道产生一个强信号

(3) 避免使用色盲的人无法区分的颜色对。这样的颜色对有深红和黑、深红和深绿、蓝色和紫色以及浅绿和白色。不要在任何深色背景上使用深红色、蓝色或者紫色。相反，在浅黄色和浅绿色背景上应该使用深红、蓝色和紫色。用在线色觉障碍模拟器①检查网页和图像，看它们在有不同色觉障碍的人看起来是什么样子的。

(4) 在颜色之外使用其他提示。不要完全依赖于色彩。如果你用颜色代表某个东西，同时请再用另外一种方式来标记它。苹果的 iPhoto 使用颜色加符号来将"智能"相册从普通相册中区分出来（见图 4-14）。

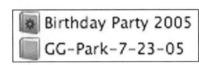

图 4-14

苹果公司的 iPhoto 使用颜色加符号来区分两类相册

(5) 将强烈的对抗色分开。将对抗色放在一起会产生令人难受的闪烁的感觉，因此也必须避免（见图 4-15）。

图 4-15

对抗色直接放在一起，让人崩溃

如之前所述，ITN.net 仅仅使用浅黄色来标记顾客在机票预定流程上的当前步骤（见图 4-5），这个差别太轻微了。一个简单的强化标记的办法是将当前步骤的字体加重并提高黄色的饱和度（见图 4-16A）。但 ITN.net 选择了一个全新的设计，也在颜色之上额外使用了新的形状轮廓（见图 4-16B）。

---

① 用关键词"color-blindness filter"或"color-blindness simulator"查找网页。

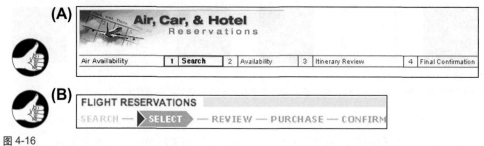

图 4-16

用颜色和形状两种方式突出显示当前步骤

联邦储备银行网站上的一张图使用了白色和不同深浅的绿色。这张图设计得很好,任何没失明的人都能看清楚,即使是在灰度显示器上。

第 5 章

我们的边界视觉很糟糕

第 4 章解释了人类视觉系统与数码相机在察觉和处理颜色上的差别。我们的视觉系统在分辨率上也与相机存在着差别。在数码相机的感光器件上,感光元素均匀地平铺在紧密的阵列上,因此空间分辨率在整个图片框里是一致的。人类的视觉系统却并非如此。

本章将解释,为什么:

☐ 处于人们边界视野中的暗色静止物体经常不被注意到;

☐ 边界视野中物体的运动通常会被察觉。

中央凹的分辨率与边界视野的分辨率比较

人类视野的空间分辨率从中央向边缘锐减,有如下三个理由。

☐ **像素密度** 每只眼睛有 600 到 700 万个视锥细胞,它们在视野中央(一个很小的叫做中央凹的区域)的分布比在边缘紧密得多(见图 5-1)。中央凹每平方毫米有约 158 000 个视锥细胞,而在视网膜的其他部分,每平方毫米只有 9000 个视锥细胞。

☐ **数据压缩** 中央凹的视锥细胞与视觉信息处理和传导的起点,神经节细胞的连接比是 1∶1,而在视网膜的其余地方,多个光感受细胞(视锥细胞和视杆细胞)才与一个神经节细胞相连。用术语来说,边界视觉的信息在被传递到大脑之前是经压缩(数据有损)的,而中央凹的视觉信息则不是。

☐ **资源处理** 中央凹仅占视网膜面积的约 1%,而大脑的视觉皮层却有 50% 的区域用于接收中央凹的输入,另一半处理来自占视网膜 99% 的区域的数据。

这导致我们视野中央的视觉分辨率要远远高于其他地方(Lindsay & Norman, 1972; Waloszek, 2005)。用开发人员的行话来说,在视觉区域中心的 1%(即中央凹区域),你看到的是一个高分辨率的 TIFF 图像；而在其他区域，你只能看到低分辨率的 JPEG 图像。这和数码相机完全不同。

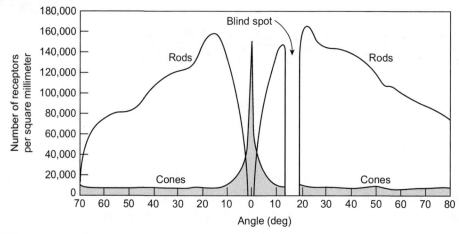

图 5-1
感光细胞（视锥细胞和视杆细胞）在视网膜上的分布（Lindsay & Norman，1972）

要形象地想象中央凹与你的视野相比有多小，就将你的手臂伸直并盯着你的大拇指。从一只手臂之外看去，你的拇指指甲盖大约与中央凹的大小相当（Ware，2008）。当你将目光焦点集中到大拇指指甲上时，视野中的其他东西全部落在你视网膜的中央凹之外。

正常人的中央凹的分辨率非常高：他们能在那个区域里分辨出好几千个点，比现在许多口袋数码相机更高。而只要出了中央凹，分辨率就下降到一只手臂之外，只能分辨出每英寸几百个点。在视野边缘，视觉的一个"像素"就与一只手臂之外的甜瓜（或者人的脑袋）大小差不多了（见图 5-2）。

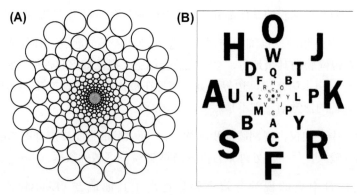

图 5-2
我们视野的分辨率是中央高而边缘却低得多。B 图选自 Vision Research，Vol. 14（1914），Elsevier

虽然我们眼睛里的视杆细胞多于视锥细胞（视杆细胞有 1.25 亿，而视锥细胞只有六七百万），但边界视觉的分辨率比中央凹的分辨率低很多。其原因在于，大部分视锥细胞都集中在中央凹区（占视网膜总面积的 1%），而视杆细胞则分布在视网膜的其他地方（占视网膜面积的 99%）。对于视觉正常的人，其边界视觉大约是 20/200，这种视觉在美国被定义为失明。试想一下在你的边界视野区域内所能看到的东西，其实基本和盲人没什么区别。大脑研究者 David Eagleman（2012；第 23 页）给出的解释是：

> 边界视野的分辨率差不多和透过覆满了水雾的浴室门看东西的效果一样，但你也可以享受清楚地看到周围的错觉……无论把眼睛聚焦于任何地方，你都会假想整个世界的焦点就在那个地方。

如果边界视觉分辨率如此之差，那么一定有人要问为什么看到的世界不是一个"隧道"，即除了直接注视的东西，其他所有东西都是失焦的。相反，我们看周围的东西也都是清晰的。能有这样的感觉是因为眼睛以大约每秒三次的速度不断快速移动，选择性地将焦点投射在周围的环境物体上。大脑则用粗犷的、印象派的方式，基于我们的所知和期待，填充视野的其他部分[1]。大脑无需为四周的环境保持一个高分辨率的心理模型，因为它能够命令眼睛在需要的时候去采样和重新采样具体细节（Clark，1998）。

例如，在阅读这一页时，你的目光左右上下扫视，进行浏览和阅读。不论目光注视在这页的什么地方，你都感觉自己在阅读一整页的文字，当然，你的确如此。

但现在想象你正在电脑屏幕上看这一页，而电脑正在跟踪你的眼球移动并且知道视网膜中央凹所看的地方。想象不论你在看哪儿，对应到中央凹的文字是清晰正确的，而其他地方电脑则显示随机无意义的文字。当中央凹在这一页快速掠过，电脑快速地更新中央凹停下的位置，在那里显示正确的文字，而之前对应的位置则立刻回到随机无意义的文字。实验神奇地发现人们根本没有注意到这点：他们不仅能够正常地阅读，而且还相信他们阅读的是一整页有意义的文字（Clark，1998）。但这的确拖慢了人们阅读的速度，即便他们没有意识到这一点（Larson，2004）。

视网膜视锥细胞在中央凹及其附近紧密分布，而在视网膜边界稀疏分布，这不仅影响空间分辨率，同样也影响色彩分辨率。相比于视野边界的色彩，我们更能分辨处于视野中央的色彩。

关于视野的另一个有趣事实是，它有一个缺口，一个什么也看不到的小区域。这个缺口对

---

[1] 在视觉受到抑制时，我们的大脑还会填充眼跳运动时的感知空白（见第 14 章）。

应于视网膜上视觉神经和血管在眼球后的出口（见图 5-1）。那里没有视杆细胞和视锥细胞，因此如果视野中的某个物体的成像恰好落在这个缺口上，我们就看不到它。我们通常注意不到它是因为大脑用其四周的景象填补了它，就像图像艺术家们用 Photoshop 将一个污点四周的像素复制后以修补它一样。

人们有时能够在注视星空时发现这个盲点。当你抬头注视一颗星星时，它旁边的另一颗星星可能短暂消失在盲点里，直到你改变注视点。你也能通过图 5-3 所示的练习来观察这个盲点。有些人因视网膜的缺陷，如视网膜受损或者因中风影响了视皮层等，而有其他盲点（见 VisionSimulations.com），但这个视神经缺口导致的盲点是人们所共有的。

图 5-3
要"看到"视网膜缺口，遮住你的左眼，将书举到面前，然后用右眼注视着符号 +。使书缓慢地远离你，一直注视着符号 +。符号 @ 将在某个时刻消失

边界视觉有什么用

看起来中央凹在任何方面都要比视觉边界要好。有人可能会问，为什么要有边界视觉，它有什么用？边界视觉有三个重要功能：引导中央凹，察觉运动，以及让我们在黑暗中看得更清楚。

功能一：引导中央凹

首先，边界视觉的存在主要是为了提供低分辨率的线索，以引导眼球运动，使得中央凹能够看到视野里所有有趣和重要的东西。我们的眼睛不是随机扫描环境的。眼动是为了使中央区关注重要的东西，首先（通常）关注最重要的。视野周边的模糊线索提供了信息，帮助大脑计划往哪里以及以什么顺序移动眼睛。

例如，要看一个药品的"使用期限"标签，边界视觉中的一个像日期的模糊影像就足以让眼球移动，使中央凹视线落在那里并查看它。如果在一个农产品市场寻找草莓，一个处于视觉边界的模糊红色色块就能够吸引我们的眼球和注意力，虽然它有时可能就是块红色的东西而不是草莓。如果听到附近有动物的咆哮声，眼角一个像动物的模糊形状就足以让我们飞快地将眼睛转向那个方向，尤其是当那个形状朝我们移动的时候（见图 5-4）。

图 5-4
一个在视野边界移动的形状吸引我们的注意：它可能是食物，也可能把我们视为食物

关于边界视觉如何引导和增强中央凹视觉的更多讨论见本章最后一节。

功能二：察觉运动

边界视觉的另一个作用是它能够很好地察觉运动。我们边界视野中任何运动，即使非常轻微，也很可能吸引我们的注意，从而引导中央凹去注视它。这个现象产生的原因是，我们的先祖（包括进化成为人类之前）是因为具有发现食物和躲避捕食者的能力而生存下来的。因此，虽然我们能够有意识、有目的地移动眼球，但控制它们往哪儿看的机制是潜意识的、自动的，也是非常快的。

如果我们没有理由期待视觉边界有什么有趣的东西[1]，而且那里也的确没有吸引我们注意的东西，情况会怎样？中央凹不会看那里，因此我们永远也看不到那里有什么。

功能三：让我们在黑暗中看得更清楚

边界视觉的第三个功能就是让我们在低亮度环境下视物，如有星光的晚上、山洞里、营火边等。直到 19 世纪电灯发明之前，视觉功能就是在这样的条件下不断进化，人类（在人类出现之前，地球上的动物也是一样）也是依靠这个功能打发大把的夜生活。

正如视杆细胞在光线良好的环境下会超负荷（见第 4 章），低亮度时视锥细胞无法很好地工作，所以视杆细胞接管了这一功能。低亮度时，视杆细胞主导的视觉称为暗视觉。一个有趣的事实是，因为中央凹没有视杆细胞，在低亮度条件下如果你不直接看着物体（如流星），反而能看得更清楚。

---

[1] 关于期望如何影响我们的感知，参见第 1 章。

电脑用户界面中的例子

我们边界视觉的低敏感度解释了为什么软件和网站用户无法注意到某些出错消息。当某人点击了一个按钮或者链接，那通常是他的中央凹所注意的地方。屏幕上任何不在点击位置 1~2 厘米距离内的东西（假设电脑的观看距离正常）都处于分辨率很低的边界视觉内。如果点击之后，出错消息出现在视觉边界，那么你不必对用户没有注意到它感到奇怪。

例如，在 InformaHealthCare 的在线出版网站 InformaWorld 上，如果用户输入了错误的用户名或者密码并点击"登录"，一个出错消息将出现在"信息条"上，远离用户眼睛最可能关注的位置（见图 5-5）。红色的"错误"在用户视觉边界是一个红的小色块，这有可能吸引用户去看它。然而，这个红色块可能落到观察者视觉的盲点上，这样的话就根本不可能被注意到。

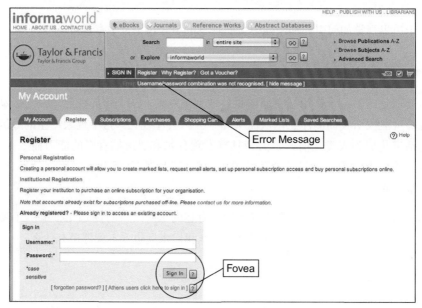

图 5-5
登录的错误消息出现在多半会被忽略的边界视觉中

从用户的角度考虑一下这个过程。用户输入用户名和密码然后点击"登录"。页面刷新后仍然显示空白字段。用户想："哦？我刚刚输入了我的登录信息，不是吗？我按了错误的按钮吗？"于是重新输入用户名和密码，并点击"登录"。页面再次显示空白的字段。用户现在真的困惑了，他叹口气（当然会），靠回椅子靠背，重新扫描屏幕，突然注意到了出错消息，于是说："啊哈！出错消息一直就在那儿吗？"

即使不是像上一个例子那样，而是将出错消息放置在用户视野中央，其他因素也能够降低它的可见性。例如，直到不久前，Airborne.com 一直将登录错误用红色显示在登录 ID 字段的上方（见图 5-6）。这个出错消息完全使用红色而且相当靠近"登录"按钮，这是用户眼睛多半会注意到的地方。尽管如此，当这个出错消息第一次出现时，一些用户还是没能注意到它。为什么呢？你能想到人们最初没能看到这个出错消息的原因吗？

图 5-6
登录错误的信息即使离"登录"按钮不远也还是没能被一些用户发现

　　一个原因是，虽然出错消息离用户点击"登录"按钮时所看的位置近多了，但它仍然处于视觉边界，而不是中央凹所在位置。中央凹很小：当用户与屏幕距离正常时，它在电脑屏幕上仅仅有一两厘米。

　　第二个原因是，错误消息不是近页面顶端的唯一红色显示。页面标题也是红色的。边界视觉的分辨率很低，因此当出错消息出现时，用户的视觉系统可能无法观察到任何改变：那里之前就有红色的东西，现在还是如此（见图 5-7）。

图 5-7
当中央凹集中于"登录"按钮时，对用户视野的模拟

　　如果页面标题是黑色或者红色之外的其他颜色，红色出错消息就更有可能被注意到，即使它出现在用户视野的边界。

让信息可见的常用方法

有几个常见的、为人熟知的方法，可以确保出错消息被看到。

☐ **放在用户所看的位置上** 当与图形用户界面交互时，人们的注意力在可预期的地方。在西方社会，人们倾向从左上角向右下角扫描表单和控件。当移动屏幕上的指针时，人们通常会看着它所在的位置或者将要移动到的位置。当人们点击一个按钮或者链接时，通常可以假设他们正看着它，至少在点击之后的一小段时间里在看。设计者可以利用这个可预计性，将出错消息摆放在期待用户看到的地方。

☐ **标记出错误** 用某种方式显著地标记出错误并清晰地指明出错了。通常只要将出错消息摆放在它所指的地方即可，除非这样做会将出错消息放到离用户可能看到的位置非常远的地方。

☐ **使用错误符号** 用类似"⚠""⚠""❗"或者"❌"等错误符号来明显地标记出错误或者错误消息。

☐ **保留红色以呈现错误（信息）** 习惯上，在交互的计算机系统里，红色暗示警告、危险、问题、错误等。使用红色来标记其他信息会导致误解。但假设你在为斯坦福大学设计网站，它的学校颜色是红色，或者你为中国市场设计，在那里红色被认为是吉祥、积极的颜色。你该怎么办？那就使用另一种颜色代表错误，用错误符号标记或者使用其他更强大的方法（见下一节）。

InformaWorld 的登录错误屏幕的一个改进版本，使用了其中的几个方法（见图 5-8）。

图 5-8

登录错误消息被明显地显示出来，并且靠近用户所看的位置

在 America Online 的网站（AOL.com）上，注册新邮箱账号的表单很好地遵循了这几个准则（见图 5-9）。出错了的输入字段用红色符号标记出来。错误消息用红色显示并且靠近所指的错误。还有，大部分的错误消息在输入错误时即刻出现（这时用户注意力还在该字段上），而不是在用户提交了表单之后。AOL 用户不大可能会错过这些错误消息。

图 5-9
AOL.com 的新用户注册页面在显示错误时靠近每个错误并且很明显

让用户注意到信息的重武器：请小心使用

如果以上让用户注意信息的常见的、传统的方法还不够，设计者还有三个更强大的方法。然而，这些方法虽然有效，但也有明显的负面效应，因此应小心、审慎地使用。

方法一：弹出式对话框中的信息

用对话框显示错误消息，直接将其摆在用户面前，使其很难被忽略。错误消息对话框打断用户的工作而且要求立即将注意力转向它。如果这是紧急情况下的错误消息，那么这样做是正确的；但如果仅仅用于确认用户请求操作的执行情况等不重要的信息，就会让人觉得厌烦。

弹出对话框令人厌烦的程度随着模式级别的提高而提高。非模式的弹出窗口允许用户忽略它们，继续自己的工作。应用程序层的弹出窗口停止了该程序下的所有工作，但允许用户与计算机上的其他程序互动。系统级别的弹出窗口阻止了所有的用户操作直到对话框被关闭。

应用程序级别的弹出窗口应谨慎使用，例如，只有当用户不作响应可能导致应用程序的数据丢失时才使用。系统级别的弹出窗口应在极少的情况下使用，基本上只有当系统将要崩溃并且要好几个小时才能修复时，或者在如果用户没注意到错误消息就会有人员伤亡的情况下才能使用。

在网页里，还多了一个避免弹出式错误消息对话框的理由，就是有人会将浏览器设置为阻止所有弹出窗口。如果你的网站依赖弹出式错误提示，有些用户可能永远看不到它们。

REI.com 有一个用弹出对话框来显示错误消息的例子。这个信息是在有人注册成为新用户时，忽略了必填字段后显示的（见图 5-10）。这是个使用弹出对话框的恰当例子吗？ AOL.com（见图 5-9）显示缺失数据错误时，不通过弹出对话框也可以很好地显示，因此 REI.com 的弹出对话框看起来是用力过猛了。

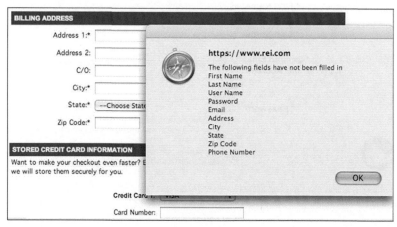

图 5-10
REI 的弹出对话框报告必要的数据没有填写。这很难被忽视，但可能是小题大做了

两个更恰当使用对话框的例子，来自于微软公司的 Excel（见图 5-11A）和 Adobe 公司的 InDesign（见图 5-11B）。在这两种情况下，用户面临丢失数据的风险。

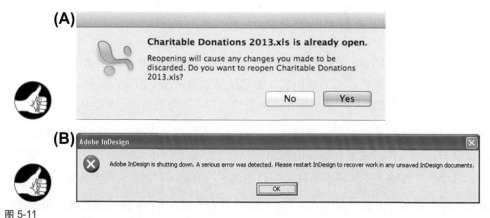

图 5-11
对话框的恰当使用：（A）微软公司的 Excel，（B）Adobe 公司的 InDesign

方法二：使用声音（如蜂鸣声）

当电脑发出蜂鸣，就是告诉用户出了问题并且请求注意。用户的眼睛条件反射性地开始扫描屏幕寻找造成蜂鸣的任何可能。这就让用户注意到用户视线外的错误消息了，例如屏幕上的标准错误消息框。这就是蜂鸣的价值。

然而，想象一下在有许多人工作的办公区或者教室里，所有人都在使用一个用蜂鸣声来提示错误和警告的应用程序。这样的工作环境往轻里说也是非常令人厌烦的。更糟糕的是，人们将无法区分是自己还是别人的电脑在叫唤。

与之对应的是嘈杂的工作环境（例如工厂或服务器机房），设备发出的听觉信号可能会被环境噪声所淹没。即便在没有噪声的环境中，很多电脑用户也倾向于把计算机的声音调低或直接调成静音，以保持安静。

鉴于以上原因，用声音提示错误以及其他状况，只能作为在非常特殊的、受控使用情境下的补救措施。

电脑游戏通常用声音来提醒某些事件和状态。在游戏中，声音并不惹人讨厌，相反，用户期望能听到一些声音。声音在游戏中的使用非常广泛，即便是在放了数十台机器的游戏厅内，所有机器都啪啪啪、哔哔哔、嘶嘶嘶、咔嗒咔嗒地响个不停，游戏中依然响着音乐。（当然，这肯定会让那些潜入到游戏厅，强忍着这些机器的嘈杂把自己孩子揪回家的家长们十分讨厌，但游戏本就不是为家长设计的。）

方法三：闪烁或者短暂的晃动

如之前描述的，我们的边界视觉善于捕捉运动，而视觉边界的运动会导致眼球反射性地将中央凹投射到运动上。用户界面设计者可以利用这一点，在希望确保用户看到时，使用短暂的晃动和闪烁。触发眼球运动不需要太大的动作，只需要一点点运动就足够让观察者的眼球立刻转向那个方向。人类上千万年的进化还是很有效果的。

让我们看一个利用动态效果吸引用户视觉注意力的例子。Apple 的在线服务 iCloud 会在用户输入无效的用户名或密码时，在水平方向上晃动整个对话框（图 5-12）。除了明确地表示"NO"（就像一个人摇头一样）之外，这一设计还极大地吸引了用户的眼球，保证用户肯定能注意到这一信息（因为视野边界处移动的物体有可能是一只豹子）。

计算机用户界面中最常见的闪烁效果出现于菜单栏之中（与广告不同）。当用户从菜单中选择了某一项操作（例如，编辑或复制），菜单通常会在关闭之前闪烁一下，以此来告知用户，系统已经"接收"到了命令，也就是说，用户对菜单项的操作是成功的。这种用法随处可见，闪烁的过程非常迅速，以至于大部分电脑用户都没有觉察到它的存在，但如果菜单不这么闪烁一次，我们肯定会质疑自己是否真的选择了某个菜单项。

图 5-12

Apple 的 iCloud 在登录信息错误时晃动对话框以吸引用户的视觉焦点

然而，就像弹出对话框和发出蜂鸣，运动也必须谨慎使用。大部分有经验的电脑使用者厌恶屏幕上晃动、闪烁的东西。我们大多数人已经学会忽略那些闪烁的显示，因为许多这样的显示都是广告。相反，某些电脑用户有注意力障碍，很难让他们忽略闪烁或者晃动的东西。

因此，如果使用运动或者闪烁，必须简短：只应持续四分之一到二分之一秒，不能再长。否则它很快就会从无意识的提醒变成有意识的打扰了。

小心使用

谨慎地使用以上这些"重武器"，只在显示关键信息时使用，以避免让用户对此形成习惯。当频繁使用弹出窗口、声音、动作和闪烁来吸引注意时，一个心理学上被称为"习惯化"的现象就会出现（见第 1 章）。我们的大脑对频繁产生的刺激越来越不注意。

就像喊"狼来了"的孩子那样，村民最终学会了忽略求救声，以致当真的狼来了时，也没人理睬他了。滥用有力的注意力获取方法会导致重要信息被习惯化屏蔽。

视觉搜索是线性的，除非目标"跳入"边界视野内

如前所述，边界视野的一项作用是把我们眼睛的中央凹引导至重要的东西，即我们正在寻找的东西或是存在威胁的事物。边界视野内的物体移动能非常有效地把我们的眼睛"猛拉"至

那个方向。

在寻找某个物体时，我们的整个视觉系统都准备好了来搜索对象，包括边界视觉。实际上，虽然边界视觉的空间感知能力和色彩分辨率都比较低，但它却是视觉搜索过程中非常重要的组成部分。边界视觉对视觉搜索起到的帮助作用很大程度上取决于我们在寻找什么东西。

请迅速浏览图 5-13，找出字母 Z。

```
L Q R B T J P L F B M R W S
F R N Q S P D C H K U T
 G T H U J L U 9 J V Y I A
E X C F T Y N H T D O L L8
G V N G R Y J G Z S T 6 S
3 L C T V B H U S E M U K
W Q E L F G H U Y I K D 9
```

图 5-13
寻找字母 Z 需要仔细浏览字符

为了找到 Z，你必须仔细观察字符，直到中央凹落在字母 Z 上面。视觉研究人员认为，寻找字母 Z 的时间是线性的：它与干扰字符的数量以及字母 Z 的位置这两个变量几乎成线性关系。

现在迅速浏览图 5-14，找出粗体字符。

```
G T H U J L U 9 J V Y I A
L Q R B T J P L F B M R W S
3 L C T V B H U S E M U K
F R N Q S P D C H K U T
W Q E L F G H B Y I K D 9
G V N G R Y J G Z S T 6 S
E X C F T Y N H T D O L L 8
```

图 5-14
寻找粗体字母并不需要浏览所有对象

这个任务容易很多（会更快地完成），不是吗？你不用通过中央凹仔细地观察那些干扰性的字符。你的边界视觉迅速地寻找粗体字符，然后确定它的位置，因为这就是你正在寻找的目标，视觉系统会把中央凹移动到这个位置。边界视觉其实没有办法准确地识别什么是粗体，这超出了它的分辨率和识别能力，但它确实能定位到粗体字符的位置。视觉研究人员认为，边界视觉时刻准备着在整个视野区域内寻找粗体字符，而粗体恰好是目标的显著性特征，因此，搜索粗体目标的过程是非线性的。设计师认为，假设只有目标是粗体的，那么它会"跳入"边界视野内。

颜色的"跳出"效果更加显著。数出图 5-15 中 L 的个数和图 5-16 中蓝色字符的个数,试着比较一下。

```
L Q R B T J P L F B M R W S
F R N Q S P D C H K U T
G T H U J L U 9 J V Y I A
E X C F T Y N H T D O L L 8
3 L C T V B H U S E M U K
G V N G R Y J G Z S T 6 S
W Q E L F G H U Y I K D 9
```

图 5-15

数 L 的个数比较困难,字符的形状并不会从字符中间"跳出来"

```
W Q E L F G H U Y I K D 9
F R N Q S P D C H K U T
3 L C T V B H U S E M U K
G T H U J L U 9 J V Y I A
L Q R B T J P L F B M R W S
E X C F T N H T D O L L 8
V N G R Y J G Z S T 6 S
```

图 5-16

数蓝色字符的个数比较容易,因为颜色会产生"跳出来"的效果

还有什么能让事物"跳入"边界视野内?如前所述,边界视野能很容易地探测到动态变化,所以动态变化能产生"跳入"视野边界的效果。从上面粗体字的例子可知,字体的粗细也能产生"跳出来"的效果,如果某个显示区域内所有的字符都是非粗体的,只有一个例外,那么非粗体字符会淡出我们的视野。一般来讲,如果视觉目标与周围的环境目标的特征存在差异,那么它会"跳出来",被边界视觉探测到。如果边界视觉能感知到目标对象的特征,那么差异性特征越显著,"跳出"的效果就越明显。

在设计中利用边界视野的"跳出"特性

设计师可以利用边界视野的"跳出"特性来吸引产品用户的注意力,这样也可以让用户更快地找到信息。第 3 章描述了视觉层级结构(标题、起始字、粗体、无序列表以及缩进)的作用,它可以使用户方便地发现和从文本中提取所需的信息。回头看一眼第 3 章的图 3-11,看看起始字和无序列表如何让内容的话题和子话题"跳出来",方便读者直接阅读这些内容。

很多交互式系统都利用颜色来标示系统状态，红色通常用于表示出现了问题。一些在线地图和交通工具的 GPS 设备用红色标示出交通堵塞情况，这样更显眼（参见图 5-17）。空中交通管制系统也利用红色标示可能出现撞击的区域（参见图 5-18）。用于监控服务器和网络状况的应用程序利用颜色表示一些部件或成组部件的健康状况（图 5-19）。

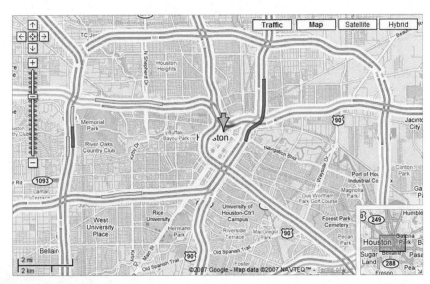

图 5-17
Google Maps 利用颜色显示交通状况。红色表示交通拥堵

图 5-18
空中交通管制系统通常利用红色标示出可能出现的撞击

图 5-19
Paessler 的监视工具利用颜色表示网络部件的健康程度

　　所有这些都利用了边界视野的"跳出"效果，来突出显示重要信息，把视觉搜索过程变得非线性。

有多个观察目标时

　　有时候某一显示区域内有多个对象，其中的任何一个都可能是用户想要的。常见的例子包括命令菜单（图 5-20A）和目标物面板（图 5-20B）。假设程序无法预测哪一项或哪几项是用户希望找到的，并应该以高亮效果显示的对象（这对于现在的应用程序来说非常合理，但在不远的将来可能未必如此），那么用户就只能通过线性的搜索过程来找到自己想要的东西吗？

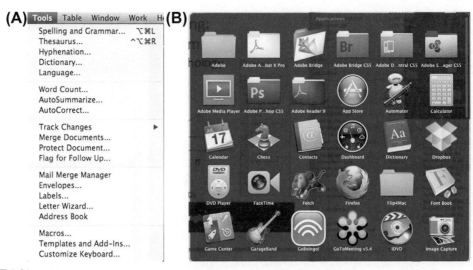

图 5-20

（A）Microsoft Word 的工具菜单；（B）Mac OS 的应用程序面板

不一定。设计师可以尝试把每个对象都做得与众不同，这样，在用户搜索对象时，边界视野能在众多的目标中锁定自己想要的对象。设计出与众不同的图标集合非常困难，特别是图标数量非常多的时候，但也可以做到（参见 Johnson 等，1989）。设计出与众不同的图标集合，使其能在用户的边界视野中脱颖而出，这一点非常困难，但并非挟山超海。例如，用户需要进入到 MacOS 的应用程序面板，打开日历程序。在用户的边界视野中，一个中间带有一些黑色的白色矩形块，很可能比一个蓝色的圆形色块更能吸引他的眼球（参见图 5-20B）。其技巧在于，图标的设计不能太华丽，不能带有太多细节，只要赋予每个图标独特的颜色和轮廓即可。

另一方面，如果用户潜在的目标是文字，如命令菜单一样（参见图 5-20A），视觉显著性就无用武之地了。在情境化的菜单和列表中，视觉搜索是线性的，至少在刚开始的时候是这样的。经过训练之后，用户会记住常用的选项在菜单、列表或面板中的位置，此时搜索特定选项就变成了非线性过程。

这就是为什么设计应用程序时从来不移动菜单、列表或面板周围的选项。因为那样做之后，用户无法记住选项的位置，只能永远地通过线性搜索过程寻找目标。因此，"动态菜单"被认为是用户界面设计中一个巨大的错误（Johnson，2007）。

第 6 章

阅读不是自然的

在工业化国家里，大多数人在推崇教育和阅读的家庭和学区里长大。他们从孩童时就学习阅读，在青春期就成为良好或者优秀的阅读者。成年后，我们日常的大部分活动都涉及阅读。对受过教育的成年人来讲，把文字转换成有意义内容的阅读过程是自动的，我们的自主意识能够自由地去思考我们所读到的内容和更深层的涵义。基于此，好的读者普遍认为阅读与说话一样，是"自然"的人类活动。

我们的大脑是为语言而不是为阅读设计的

说话和理解口头语言是自然的人类活动，但阅读不是。在数十万年或许数百万年里，人类大脑逐步进化出了口头语言所需的神经结构，其结果是，普通人在幼童时期，不需要任何系统的训练就能够学会他所在环境下的语言。过了幼童时期，我们天生的口头语言学习能力明显下降。到了青春期，学习一门新语言对我们来说就像学习另外一项能力一样，需要指导和练习，而且负责语言学习和处理的脑区与幼童时期的也不同（Sousa，2005）。

相反，写作与阅读直到公元前几千年才出现，而且到了四五百年前才普及起来，远远迟于人脑进化到现代水平的时间。在孩童时期，我们的大脑没有显示出任何特殊的天生阅读能力。阅读其实是一种人造的、通过系统的指导和训练获得的能力，就像拉小提琴、玩杂耍或者读乐谱一样（Sousa，2005）。

很多人从不学习如何更好地阅读，或者根本不学习如何阅读

因为人的大脑没有被设计成能够天生学习阅读，因此如果抚养人不为儿童朗读，或者儿童在学校里没能获得适当的阅读指导，他们可能永远无法学会阅读。在教育落后的国家里，有许多这样的人。而相比来说，很少有人从来学不会一门口头语言的。

出于种种原因，学会了阅读的人们未必善于阅读，或许他们的父母不重视阅读，或许他们的学校不规范，甚至就根本没上过学，或许他们学习了第二门语言，但没能学会如何用这门语言进行良好的阅读。最后，有知觉或者感觉障碍（例如阅读障碍）的人可能永远无法成为良好的阅读者。

一个人的阅读能力与特定的语言和字母系统（书写的系统）有关。对于那些无法阅读的人而言，文字内容看上去就像是以某种不认识的语言和文字印刷出来的图像一样（参见图 6-1）。

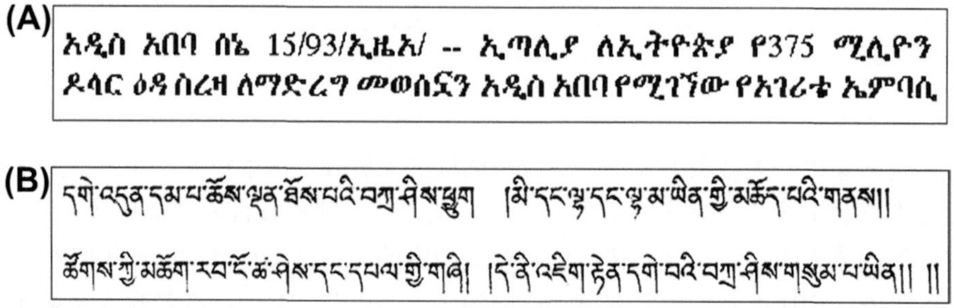

图 6-1
看看用外文印刷的文本来体验文盲的感觉：（A）阿姆哈拉语，（B）藏语

另外，把用自己所熟悉的字母系统和语言书写出的内容（比如本书的这一页）颠倒过来之后，你就可以体会到类似于文盲的感觉。把本书上下颠倒之后，尝试阅读以下几段文字。这一练习能让你产生接近于文盲的感觉。你会发现，颠倒之后的文字最初看上去好像是难以辨识的外文，但一分钟之后，你就能阅读它了，尽管又慢又费力。

学习阅读 = 训练视觉系统

学习阅读就是训练我们的大脑（包括视觉系统）去识别模式。大脑要学习识别的这些模式有一个从低到高的层次。

- □ 线条、轮廓和形状是大脑先天能够识别的基本视觉特征。我们不必学习去识别它们。
- □ 基本的视觉特征结合形成模式，即我们认识的字符：字母、数字和其他标准符号。在如中文一类的表意文字里，符号代表了整个字或者概念。
- □ 在拼音文字里，字符的组合形成词素，我们把它们识别为一些小块的含义，例如，farm、tax、-ed 和 -ing 都是英语的词素。
- □ 词素合并形成我们所说的单词。例如，farm、tax、-ed 和 -ing 能够组成单词 farm、farmed、farming、tax、taxed 和 taxing。甚至在表意文字里也有作为词素或者起修饰作用的符号，它们不代表任何词或者概念。
- □ 单词组成我们所学的词组、成语和语句。

❑　语句组成段落。

实际上，我们视觉系统中只有一部分被训练出了识别阅读过程中的文字模式的能力：中央凹和一个非常小的区域（近中央凹）能迅速地聚焦于文字，下游的神经网络会经过视神经，到视觉皮层，再进入我们的大脑中的某一部分。视网膜上其他区域的神经网络并没有被训练出阅读能力。有关于此的更多内容会在本章后续中谈到。

学习阅读的过程同样涉及训练脑系统，从而控制眼睛的运动，以特定的方式浏览文字。眼睛运动的主要方向取决于所读文字的书写方向：欧洲文字的阅读方向是从左向右，很多中东地区的文字阅读方向是从右向左，而有些文字的阅读则是从上向下。除此之外，根据我们是在阅读，还是在通过略读获取整个文字内容的大意，抑或是通过浏览寻找特定的字词，精确的眼睛运动有所不同。

我们如何阅读

假设我们的视觉系统和大脑经过了完美的训练，阅读过程可以变成半自动或全自动的过程——无论是眼球的移动还是大脑的信息处理。

如前面所讲的那样，能够经过训练进行阅读的，只有视觉的中心区域：中央凹和近中央凹。所有阅读的文字经过中央区域的扫描之后才进入我们的视觉系统，这意味着阅读需要大量的眼球移动。

如在第 5 章讨论边界视野时所描述的那样，我们的眼球经常是来回跳动的，每秒钟跳动数次，这种移动被称为眼跳，大约持续 0.1 秒。眼跳的过程就像大炮发射炮弹一样，终点在发射时就已经确定，一旦开始，通常都会执行完整个发射过程。如前面章节所述，眼睛跳动的目的地通常是由大脑确定的，确定过程中结合了目标、视野边界处的事件、眼睛探测到的事件、其他感官感知到的局部信息以及受训练的历史情况。

在阅读时，我们可能感觉到自己的眼睛平稳地在字里行间浏览，但这其实是错觉。实际上，视线在阅读的过程中在不断地跳跃，但运动轨迹通常遵循文字的布局。它们把中央凹固定在某个词处，暂停在那里几分之一秒，然后获取基本的文字样式，将其传输到大脑进行分析，然后跳跃到下一个重要的词汇（Larson，2004）。在阅读过程中，眼球注视点通常在词汇的中间位置，而从来不会在词汇的边界处（见图 6-2）。非常常见的连词和功能词，如 a、and、the、or、is 和 but 等都会被掠过，近中央凹视觉通常能探测到它们的存在，但有时它们的存在只是人们的假想。大部分阅读中的眼跳都是沿着文字的正常阅读方向进行的，但有时（大约 10%）会跳回到前面的词汇。在每一行的结尾处，视线会跳到大脑所猜测的下一行的起始处，后面我们将会看到，中间对齐的文字会干扰大脑对下一行起始位置的猜测。

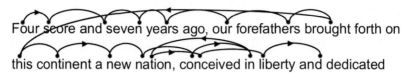

图 6-2
阅读过程中视线会在重要词汇间跳动

在阅读过程中，每次眼球注视，我们能获取多少信息？正常距离处，阅读常见大小的欧洲语言文字内容，中央凹能清晰地看到眼球注视点左右各 3~4 个字符。近中央凹则能看到注视点左右 15~20 个字符，但并不十分清晰（见图 6-3）。根据阅读研究人员 Kevin Larson（2004）的观点，中央凹周围的阅读区域包括三个截然不同的部分（对于欧洲文字而言）。

离眼球注视点最近的区域是识别文字的地方。这一区域通常都足够大，能捕捉到眼睛所注视的文字，通常也包括其右边紧邻的功能词。第二区域是在被识别文字后面的数个字母处，人们可以从这一区域获取关于这些字母的初步信息。最后的区域可以延伸到眼球注视点之后的 15 个字母，这么远的信息用来确定接下来词汇的长度，并为下一次眼球注视寻找最佳位置。

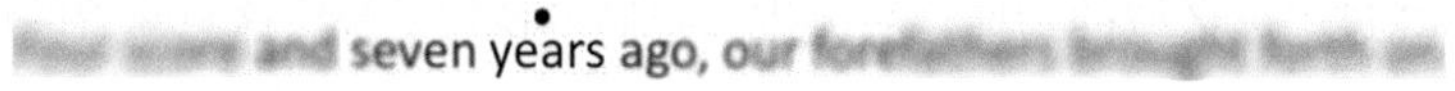

Four score and seven years ago, our forefathers brought forth on

图 6-3
中央凹固定在单词 "years" 处时，一行文字的可见性

因为视觉系统经过训练才会阅读，所以对眼球注视点周围信息的感知是不对称的：对阅读方向的字符比对其他方向的字符更加敏感。对于欧洲文字而言，这一方向是向右。这具有一定的意义，因为注视点左边的文字通常已经阅读过了。

阅读是特征驱动还是语境驱动

如之前所述，阅读涉及识别特征和模式。模式识别可以是自下而上、特征驱动的过程，也可以是自上而下的、语境驱动的过程，因此阅读也是如此。

在进行特征驱动的阅读时，视觉系统从辨别简单特征开始，比如纸张或者屏幕上某个方向的线段或者某个圆角的弧线，然后组合成更复杂的特征，比如夹角、多个弧线、形状和图案等。接着大脑再将某些形状识别为字符或者符号，它们代表了字母、数字或者表意文字里的词。在拼音文字里，不同字母组被感知为词素和单词。所有的文字中，单词序列都被理解成带有含义的词组、句子和段落。

　　特征驱动的阅读有时被称为"自下而上的"或者"无语境的"阅读。大脑天生具有识别线、边、角等基本特征的能力。相反，对词素、单词和短语的识别能力就需要学习。从对字母、词素和单词进行非自动的、有意识的分析开始，经过足够的训练，这个过程就能够变为无意识的（Sousa，2005）。显然，词素、单词或者短语越常见，对它的识别也就越可能无意识。在像汉字这种表意文字里，符号比拼音文字多非常多倍，人们往往需要更多年才能成为熟练的阅读者。

　　语境驱动或者自上而下的阅读与特征驱动阅读是并行的，但运作的方式却相反，语境驱动的阅读从完整的句子或者段落的主旨，到单词和字符。视觉系统从识别高层的模式（如单词、短语和句子）或者事先知晓文字的含义开始，接着利用对文字内容的事先了解去弄清楚或者猜测出高层模式的各个组成部分应该是什么（Boulton，2009）。语境驱动阅读较不可能完全成为无意识的，因为大部分短语层和语句层的模式和语境不可能出现得频繁到能够形成特定的神经触发模式。但还是有些例外，比如习惯用语。

　　要体验语境驱动阅读，迅速扫视图6-4，然后立刻将视线移回这里并读完这一段。现在就试试看。那上面写了什么？

The rain in Spain falls manly in the the plain

图 6-4

对这句话自上而下的"识别"可能阻碍对其实际内容的认识

现在再认真地看看那句话。你是用同样的方式阅读的吗？

　　另外，基于已经阅读的信息和我们已有的知识，大脑有时可以预测出那些中央凹还没有阅读到的文字（或者这些文字的含义），这使得我们能够略读这些文字。例如，在某一页的末尾，我们读到"这是一个月黑风高的　"，我们会推测下一页的第一个词可能是"夜晚"。如果看到的是其他词（如"奶牛"），我们肯定会感到惊讶。

特征驱动、自下而上的阅读方式为主，情境驱动的方式为辅

　　几十年来，阅读被认为使用了特征驱动（自下而上）和语境驱动（自上而下）两种处理方式。除了能够通过分析字和词来搞清楚一句话的含义，人们还能够从知晓一句话的含义去判断其中的词，或者知道一个单词而判断其中的字母（见图6-5）。问题是：熟练的阅读是以自下而上还是自上而下的方式为主？或者二者都不占支配地位？哪一种阅读方式更好？

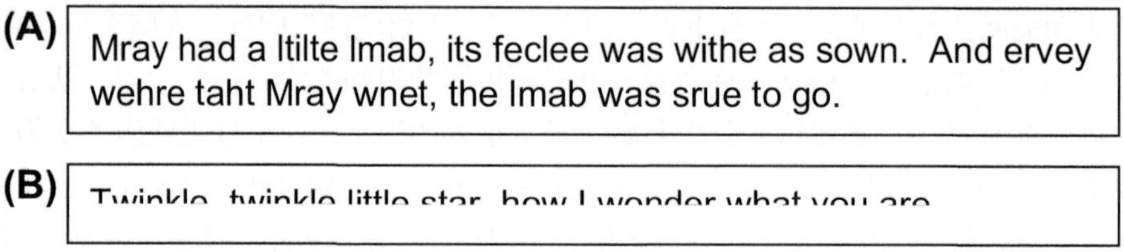

(A)

> Mray had a ltilte lmab, its feclee was withe as sown. And ervey wehre taht Mray wnet, the lmab was srue to go.

(B)

> Twinkle, twinkle little star, how I wonder what you are

图 6-5

自上而下的阅读：大部分人，尤其是那些知道这些文字源自哪首歌曲的人，都能够读懂这些文字，即使其中的单词（A 图）除了首尾字母外全部打乱了顺序或者（B 图）大部分被遮盖住了

早期（从 19 世纪后期到 20 世纪 80 年代）关于阅读的科学研究显示，人们首先识别词汇，然后才确定该词汇包含哪些字母。基于这一发现，涌现出的阅读理论是，我们的视觉系统首先根据词汇的整体形态形成认知。这一理论与某些试验结果并不相符，在阅读研究者之间充满争议，但却被研究人员之外的人们广为接受，特别是在图形设计领域（Larson，2004；Herrmann，2011）。

20 世纪 70 年代，教育研究者们在阅读上使用信息理论，并设想因书面语中存在冗余，自上而下、语境驱动的阅读应该比自下而上、特征驱动的阅读更快。这个设想导致他们提出一个假设，称使用语境阅读者在高度熟练（快速）的阅读者中占大多数。这个理论可能导致了七八十年代中涌现出的许多速读方法，据称这些方法能够训练人们快速接收整个短语和句子从而提高阅读速度。

然而，自那以后对阅读者所做的实证研究已经确切地证明了，事实恰恰与之前理论所预测的相反。阅读研究者 Kevin Larson（2004）和 Keith Stanovich（Boulton，2009）的研究成果可以分别总结为：

词汇形状不是认知词汇的有效方式。大量科学证据表明，我们识别词汇的组成字母，然后利用其视觉信息来识别一个词汇。

语境（是）重要的，对较差的阅读者更重要，因为他们无法进行无意识的无语境识别。

换句话说，阅读的主要方式是无语境的、自下而上、特征驱动的方式，这需要熟练掌握到无意识的程度。尽管与特征阅读是两个并行的阅读方式，但语境驱动阅读在如今主要被视为一种候补的方法，只有在特征驱动阅读存在困难或者不能达到足够无意识的时候才起作用。

熟练的读者也许会在基于特征的阅读被糟糕的信息展示方式干扰时转向基于语境的阅读（见本章稍后的例子）。还有，在使用这两种阅读方式去解读看到的文字时，语境中的暗示有时

比特征更有优势。一个基于语境阅读的例子是，到英国旅游的美国人有时会将"To Let"标志看成"Toilet"，因为在美国他们更经常看到"Toilet"，但几乎从来没有见过"To Let"这个短语，他们平时使用对应的短语是"For Rent"。

对于较不熟练的阅读者，基于特征的阅读不是无意识的，而是有意识的、费劲的。因此，他们大部分的阅读使用基于语境的方式。这种不得已的基于语境的阅读和非无意识的基于特征的阅读消耗了短期感知能力，导致对内容缺少理解[1]。他们不得不把注意力放在解读一串串单词上，导致没有更多精力构建语句和段落的含义。这就是为什么差的阅读者可以大声读完一段文字，却不清楚究竟读了什么。

为什么无语境（自下而上）的阅读在某些成年人中无法无意识地进行呢？有些人在儿童期没能获得足够的阅读经验，让特征驱动的识别过程变成无意识的，他们长大后就觉得阅读在精神上是费劲和压力重重的，因此也就避免阅读，这持续加剧了他们在阅读能力上的不足（Boulton，2009）。

熟练阅读和不熟练阅读使用大脑的不同部位

在 20 世纪 80 年代以前，想要理解语言和阅读涉及大脑的哪些不同部位，研究者们只能主要依靠研究大脑受伤的人。比如在 19 世纪中期，医生们发现在左太阳穴附近（现在被称为布洛卡区，以发现它的医生名字命名）受伤的人在听力理解上没有问题，但说话会有问题；而靠近左耳后方的大脑部位（现在被称为威尔尼克区）受伤的人有听力理解困难（Sousa，2005）（见图 6-6）。

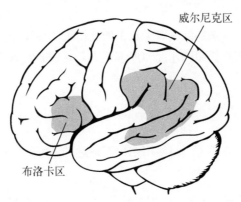

图 6-6
人的大脑，标出了布洛卡区和威尔尼克区

---

① 第 10 章描述了无意识的和受控的认知处理。为当前讨论考虑，我们仅简单地陈述为，受控的处理会增加工作记忆的压力，而无意识处理不会。

近几十年来，出现了一些用来观察活体中的大脑如何运作的新技术，以及基于电脑的分析技术而优化的非侵入式扫描技术，如脑电图（EEG）、功能性磁共振成像（fMRI）和功能性磁共振频谱（fMRS）。这些技术能够让研究者们观察人体在接收不同刺激和执行具体任务时，大脑中不同部位的反应和这些反应的顺序（Minnery & Fine，2009）。

利用这些技术，研究者们发现了初学的和熟练的阅读者在阅读时用到的神经通路是不一样的。当然，不论阅读者的能力高低，阅读时第一个反应区域是处于大脑后方的枕叶皮层（视觉皮层）。之后，神经通路就不一样了（Sousa，2005）。

❑ **初级阅读者**　首先，位于威尔尼克区上方靠后的区域被激活。研究者现在将其视为单词（至少在拼音文字如英语和德语中）被"发音"和组合的地方，即字母被分析后对应到各自的发音。然后由单词分析区域传递给布洛卡区和大脑额叶，大脑额叶再负责词素与单词的识别和整体含义的获取。对表意文字来说，符号代表了整个字且通常有一个对应的图像代表其含义，因此字词的发音并不是阅读的一部分。

❑ **高级阅读者**　单词分析区域被跳过了。枕颞区（位于耳后，距离视觉皮层不远）被激活。目前普遍的观点是这个区域负责将单词识别为一个整体，不需要发音，然后激活通往大脑前端负责单词含义和心理成像的部分。布洛卡区仅仅是稍微参与了这部分的神经活动。

大脑扫描技术带来的发现当然无法指出使用了哪种处理方式，但的确支持了高级阅读者和初级阅读者使用不同处理方式的理论。

糟糕的信息设计会影响阅读

糟糕的书写或者显示会将熟练阅读者无意识的无语境的阅读降低为有意识的、基于语境的阅读，增加记忆负担，从而降低阅读速度和理解能力。对于非熟练的阅读者，糟糕的文字显示可能会完全阻碍阅读。

不常见和不熟悉的词汇

软件中阻碍阅读的常见方式之一是使用用户不熟悉的词汇，即那些读者不熟知或者根本不知道的单词。

一类不熟悉的词汇是计算机术语，有时被称为"电脑玩家用语"。例如，一个企业内部的应用程序在用户闲置 15 分钟后再次试图使用时会显示如下错误消息：

你的会话已经过期。请重新认证。

这个应用程序是用来查找公司内部资源（房间和设备等）的，其用户包含前台、会计、经理以及工程师。大部分非技术用户并不理解"重新认证"的意思，于是就退出无意识阅读状态，想知道这个错误消息所传达的内容。为了避免干扰阅读，这个程序的开发人员可以使用人们更为熟悉的指令"登录"。第 11 章有关于"电脑玩家用语"在基于计算机的系统里如何影响学习的讨论。

阅读也可能被不常见的词汇干扰，即使不是纯计算机技术术语。下面是一些少见的英语单词，其中有不少主要只在合同、隐私条款声明或者其他法律文档里出现。

- ❏ aforementioned：上述的。
- ❏ bailiwick：一个警长拥有的执法区域，辖区，更笼统的说法是控制领域。
- ❏ disclaim：免责，否认。
- ❏ heretofore：迄今为止。
- ❏ jurisprudence：法学。
- ❏ obfuscate：模糊、混淆。
- ❏ penultimate：倒数第二，如"在本书的倒数第二章中"。

即使是熟练的阅读者在遇到这样的词汇时，无意识阅读过程多半也不能识别它们。实际上，他们的大脑需要使用非无意识的处理方式，比如利用单词各个部分的发音，或者利用单词出现的语境，或者查找词典来搞清楚单词的意思。

难以辨认的书写和字型

即使使用了熟悉的词汇，阅读还会被难以辨认的书写和字型干扰。自下而上、无语境、无意识的阅读是对字母和单词基于视觉特征的识别。因此，一种具有难以辨认的特征和形状的字型就很难阅读。比如，试着阅读以下用空心轮廓线的全大写字型显示的林肯的盖提斯堡演讲的部分文字（见图 6-7）。

对比研究表明，有熟练阅读技巧的人读大写文字内容的速度比读小写文字内容的速度慢 10%~15%。当前的研究表明，这主要是由于缺乏阅读大写文字的训练而造成的，而并非是大写文字本身就难以识别（Larson，2004）。尽管如此，设计师需要了解这一理论在设计实践中所能产生的影响，这一点非常重要（Herrmann，2011）。

ABRAHAM LINCOLN'S GETTYSBURG ADDRESS

FOUR SCORE AND SEVEN YEARS AGO OUR FATHERS BROUGHT FORTH ON THIS CONTINENT, A NEW NATION, CONCEIVED IN LIBERTY, AND DEDICATED TO THE PROPOSITION THAT ALL MEN ARE CREATED EQUAL.
NOW WE ARE ENGAGED IN A GREAT CIVIL WAR, TESTING WHETHER THAT NATION, OR ANY NATION SO CONCEIVED AND SO DEDICATED, CAN LONG ENDURE. WE ARE MET ON A GREAT BATTLE-FIELD OF THAT WAR. WE HAVE COME TO DEDICATE A PORTION OF THAT FIELD, AS A FINAL RESTING PLACE FOR THOSE WHO HERE GAVE THEIR LIVES THAT THAT NATION MIGHT LIVE. IT IS ALTOGETHER FITTING AND PROPER THAT WE SHOULD DO THIS.
BUT, IN A LARGER SENSE, WE CAN NOT DEDICATE -- WE CAN NOT CONSECRATE -- WE CAN NOT HALLOW -- THIS GROUND. THE BRAVE MEN, LIVING AND DEAD, WHO STRUGGLED HERE, HAVE CONSECRATED IT, FAR ABOVE OUR POOR POWER TO ADD OR DETRACT. THE WORLD WILL LITTLE NOTE, NOR LONG REMEMBER WHAT WE SAY HERE, BUT IT CAN NEVER FORGET WHAT THEY DID HERE. IT IS FOR US THE LIVING, RATHER, TO BE DEDICATED HERE TO THE UNFINISHED WORK WHICH THEY WHO FOUGHT HERE HAVE THUS FAR SO NOBLY ADVANCED. IT IS RATHER FOR US TO BE HERE DEDICATED TO THE GREAT TASK REMAINING BEFORE US -- THAT FROM THESE HONORED DEAD WE TAKE INCREASED DEVOTION TO THAT CAUSE FOR WHICH THEY GAVE THE LAST FULL MEASURE OF DEVOTION -- THAT WE HERE HIGHLY RESOLVE THAT THESE DEAD SHALL NOT HAVE DIED IN VAIN -- THAT THIS NATION, UNDER GOD, SHALL HAVE A NEW BIRTH OF FREEDOM -- AND THAT GOVERNMENT OF THE PEOPLE, BY THE PEOPLE, FOR THE PEOPLE, SHALL NOT PERISH FROM THE EARTH.

图 6-7
全部用大写的文字很难阅读，因为字母看起来都很相似。空心轮廓线的字型让特征识别更加困难。这个例子展示了这两点

微小的字体

另一种在应用软件、网站和电子产品中使文字难以阅读的情况是，使用对目标用户的视觉系统来说小到难以识别的字体。例如，试着阅读以下用 7 磅字显示的美国宪法第一段（见图 6-8）。

We the people of the United States, in Order to form a more perfect Union, establish Justice, insure domestic Tranquility, provide for the common defense, promote the general Welfare, and secure the Blessings of Liberty to ourselves and our Posterity, do ordain and establish this Constitution for the United States of America.

图 6-8
美国宪法第一段，用 7 磅字显示

软件开发者有时会使用非常小的字体，因为他们需要在很小的空间里显示很多文字。但如果系统的目标用户无法阅读这些文字，或者阅读起来非常费劲，还不如不要文字。

嘈杂背景下的文字

文字中和周围的视觉噪声能够干扰对特征、字符和单词的识别，使我们退出基于特征的无意识阅读模式，而进入有意识的基于语境的阅读模式。在软件的用户界面和网站中，视觉噪声经常来自于设计师将文字放在有图案的背景上，或者正文和背景的反差太小，就像 Arvanitakis.com 上的一个例子（见图 6-9）。

A large family of organic inhibitors, known as organic phosphates or organophosphorus compounds, have become popular in recent years. These would include aminotrimethylenephosphonate (AMP), hydroxyethylidene diphosphonate (HEDP), phosphonobutane carboxylates and phosphate esters, the structures of which are shown in the figures, which follow. Because of their low environmental impact and their effectiveness as deposit control agents, organophosphorus compounds are often blended with other corrosion inhibitors and polymeric antifoulants.

图 6-9

Arvanitakis.com 使用了嘈杂的背景，正文与背景的颜色反差小

有些情况下，设计者有意让文字难以阅读。比如，一个网络上常见的安全措施使让用户辨别变形的文字，以将他们与网络爬虫区分开。这有赖于大部分人能够读出文字而网络爬虫目前还做不到。使用难识别的文字来测试一个用户是否是人的手段叫做 captcha [①]（见图 6-10）。

Type the characters you see in the picture above.

图 6-10

故意让文字显示在带视觉噪声的背景上，使得网络爬虫无法识别，这种手段叫做 captcha

当然，在用户界面上显示的大部分文字应该是容易阅读的。带图案的背景即使不是非常抢眼，也能干扰人们阅读置于其上的文字。例如，联邦储备银行的网站曾经有个按揭计算器，它被放置于一个重复平铺的、家和社区主题图片的背景上。虽然出发点是好的，但起装饰作用的背景使得计算器难以看清（见图 6-11）。

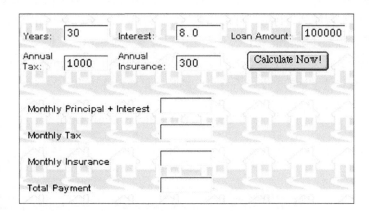

图 6-11

联邦储备银行的在线按揭计算器曾将文字放在带图案的背景上

---

① 这个词最初从单词"capture"而来，但也被传为是英文 Completely Automated Public Turing test to tell Computers and Humans Apart（完全自动、公开的图灵测试以区分电脑和人类）的首字母缩写。

信息被重复的内容淹没

视觉噪声也能来自文字本身。如果连续多行文字里有许多重复内容，读者接收到的相关反馈就太少，不知道自己正在读哪一行。另外，这也让人很难从中提取出重要的信息。例如，回顾一下第 3 章中加利福尼亚州机动车管理局的网站（见图 3-2）。

另一个说明重复内容制造噪声的例子是 Apple.com 的电脑商店。订购笔记本电脑的页面上用非常重复的方式列出了不同的键盘选项，使人很难发觉键盘之间的核心差别其实是它们所支持的语言（见图 6-12）。

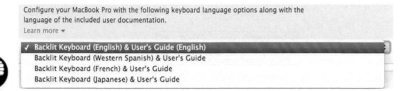

图 6-12
Apple.com 的 "购买电脑" 页面所列出的选项，其中重要信息（键盘语言兼容性）被淹没在重复的文字中

居中对齐的文字

在大部分熟练阅读者的阅读过程中，高度无意识的一方面就是眼动。当自动（快速）阅读时，我们的视线被训练成回到同样的水平位置，同时向下移一行。如果文字是居中或者右对齐，每行的水平起始位置就不一样了。自动眼动会将我们的视线带到错误的位置，我们就必须有意识地去调整视线到每行的实际起始位置。这使得我们不得不退出无意识状态，阅读速度一下就慢下来。诗歌和婚礼请柬上的文字居中对齐或许是可以的，但对于任何其他类型的文字，居中就是缺点了。文字居中对齐的一个例子是一家叫做 FargoHomes 房地产公司的网站（见图 6-13）。试着快速读上面的文字，看看自己的眼球是如何移动的。

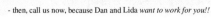

图 6-13
FargoHomes 将文字居中对齐，无意识的眼动模式被破坏了

这个网站也居中对齐了有序号的列表，很大程序上破坏了读者的无意识眼动（见图 6-14）。请试着快速浏览这个列表。

图 6-14
FargoHomes 将列表居中对齐，无意识的眼动模式被破坏了

对设计的启示：支持，而不是干扰阅读

显然，一个设计者的目标应该是支持，而不是干扰阅读。熟练（快速）的阅读大部分基于对特征、字母和单词的无意识识别。识别越容易，阅读也就越快、越容易。相反，非熟练的阅读极需要语境提示的帮助。

交互系统的设计者可以遵循以下准则来为阅读提供支持。

(1) 保证用户界面里的文字允许基于特征的无意识处理有效地进行，可以通过避免之前描述的破坏性缺陷做到。这些缺陷包括难辨认的或太小的字体、带图案的背景和居中对齐等。

(2) 使用有限的、高度一致的词汇，在业界这有时被称为"直白语言"[1]或者"简单语言"（Redish，2007）。

(3) 将文字格式设计出视觉层次（参考第 3 章），以便使浏览更轻松，如使用标题、列表、表格和视觉上加强了的单词（见图 6-15）。

---

[1] 要了解更多关于直白语言的信息，请参见美国政府网站 www.plainlanguage.gov。

在保证文字的显示方式能够支持轻松浏览和阅读方面，有经验的信息架构师、内容编辑和图形设计师能够发挥很大作用。

图 6-15
微软公司的 Word 帮助主页是很容易浏览和阅读的

软件里要求的很多阅读都是不必要的

除了会犯影响阅读的设计错误，很多软件的用户界面还显示了太多的文字，用户要读的远远超过实际所需要的。看看 SmartDraw 这款软件中设置文字输入属性的对话框中有多少不必要的文字（见图 6-16）。

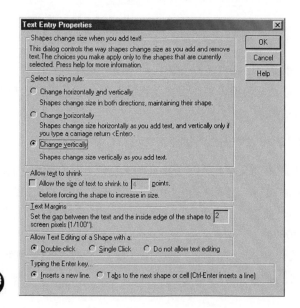

图 6-16
SmartDraw 的文字输入属性对话框，相对其简单的功能，文字显示太多了

　　软件设计者经常如此为冗长的指令文字辩护："我们需要所有那些文字来清楚地向用户解释要做什么。"然而，指令经常可以短小精悍且保持清晰明确。让我们看看 Jeep 公司在 2002~2007 年是如何缩短寻找本地 Jeep 经销商的指令的（见图 6-17）。

2002

2003

2007

图 6-17

在 2002~2007 年，Jeep.com 极大减少了"寻找经销商"所需要的阅读量

(1) 2002：“寻找经销商”页面显示一大段带有分步骤的指令文字，以及一个要求输入的信息超过寻找用户附近经销商所需的表单。

(2) 2003：该页面被简化为三项内容，而且表单要求的输入信息也减少了。

(3) 2007：该页面被简化成首页上的一个输入项（邮政编码）和一个 Go 按钮。

　　甚至当文字的内容不是指令而是产品描述时，将厂家想要说的全部洋洋洒洒地写出来，让人从头到尾看一遍的做法，也只会起反作用。大部分潜在客户不可能也不愿意去读这些文字。比较一下 Costco.com 在 2007 年和 2009 年对笔记本电脑的描述（见图 6-18）。

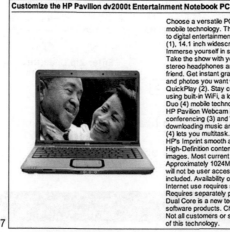

图 6-18

从 2007 年到 2009 年，Costco.com 极大地减少了产品描述中的文字

对设计的启示：尽量减少阅读需要

　　在用户界面里提供太多文字会失去较差的阅读者，不幸的是，他们占据了非常可观的人口比例。太多文字甚至让优秀的读者也感到疏远，它使互动系统令人望而生畏。

　　将用户界面里的文字量尽可能减少，不要让用户看一大版面的文字。在用户指导手册里，使用最少的文字让用户完成目标。在产品描述中，提供简要的产品综述，在用户提出具体需求时再提供详细的内容。技术文档作者和内容编辑在这点上能够提供很大的帮助。关于更多如何消除冗余文字的建议，可参考 Krug（2005）和 Redish（2007）。

对真实用户的测试

最后，设计者应该将设计在目标用户群中测试，从而确信用户能够快速轻松地阅读所有的重要信息。利用原型和部分实现，一些测试可以在早期就做，但在发布之前仍需测试。幸运的是，在最后一刻对字体和格式做修改通常还是容易的。

第 7 章

我们的注意力有限，记忆力也不完美

人类的记忆力就像视觉系统，有它的优势和缺点。本章通过介绍这些优缺点，提供知识背景来帮助理解如何才能使设计出来的互动系统支持和增强人类记忆力，而不是造成更多负担和混淆。我们从记忆力如何起作用，以及它与注意力的关系开始讲起。

短期记忆与长期记忆

心理学历来就把记忆区分为短期记忆和长期记忆。短期记忆涵盖了信息被保留几分之一秒到几秒，甚至长达一分钟的情况。长期记忆则从几分钟、几小时、几天，到几年甚至一辈子。

把短期记忆和长期记忆区分成不同的记忆存储是很吸引人的。一些理论也确实把它们分成两类。毕竟，在一台电脑里，就有分开的短期记忆存储（中央处理器的计数器）与长期记忆存储（随机可读存储或者 RAM、硬盘、闪存、光盘等）。更直接的证明是大脑某些部分损伤会影响短期记忆，却不影响长期记忆，或者反之。最后，一些信息和想法转瞬即逝，而生命里重要的事件、特别的人、参加过的活动和学习到的知识却似乎永久地存在记忆中。这一现象使得很多研究人员得出了以下推论，短期记忆存储在大脑中独立的位置，信息在进入感觉器官（如视觉器官或听觉器官）之后，或者从长期记忆中提取出来之后，被暂时性地存储在这里（见图 7-1）。

图 7-1

对于短期与长期记忆的传统（陈旧的）观点

关于记忆的一种现代观点

近期对记忆和大脑功能的研究表明，短期和长期记忆是由同一个记忆系统实现的，这个系统与感知的联系，比之前所理解的更紧密（Jonides 等，2008）。

长期记忆

感觉通过视觉、听觉、嗅觉、味觉或者触觉系统进入大脑负责相关感官的区域（比如视皮层和听皮层）并触发其反应，然后散播到大脑其他不与任何具体感觉通道相关的部分。大脑与具体感觉相关的区域仅仅察觉简单的特征，比如明暗的边界、斜线、高音调、酸味、红色或者向右的转向。大脑在神经处理中处于下游的区域将这些低层的特征信号整合起来，来检测输入的高层特征，比如动物、凯文叔叔、（音乐中的）小调、威胁或者"鸭子"这个单词。

第 1 章提到过，感觉能影响到的神经元在很大程度上由其特征和环境决定。所处的环境与感觉的特征一样重要。例如，当你在小区行走时与安全地坐在车里时听到旁边的狗叫，触发的神经活动是不同的。两次感觉的刺激物越是相似（即相同的特征与环境因素越多），对它们产生反应所触发的神经元群体之间的重叠也就越大。

感觉所产生的最初强度取决于大脑其他部位对它的放大或者抑制程度。所有感觉都会产生某种痕迹，但有些微弱到几乎无法察觉：该模式被触发一次之后就再也不被触发了。

记忆的形成由参与某个神经活动模式的神经元上长期甚至永久的变化组成，这使得该模式在将来容易被再次激活[1]。其中有些变化将某种化学物质释放到神经元周围的区域，改变了它们在很长时间内对刺激的敏感度，直到这些化学物质被稀释或中和。而神经元的生长和神经元之间新连接的建立则造成更永久的变化。

激活记忆是再次激活与记忆产生时同样的神经活动模式。大脑能够以某种方式区分神经模式的第一次激活与再次激活，或许是因为该模式再次激活更容易一些。与最早感觉相似的新感觉触发相同的模式，使得它被大脑识别。即使没有类似的感觉，大脑其他部分的活动也能够再次激活某个神经活动，如果被意识到，就引起了回忆。

一个神经记忆的模式越经常被再次激活，就变得越"强烈"，也就是说，再激活它越容易。这意味着其对应的感觉就越容易被识别和回忆。神经记忆模式也能被大脑其他部分发出的刺激性或者抑制性的信号强化或削弱。

---

[1] 有证据表明神经系统上的与学习相关的长期改变，主要发生在睡眠中。这意味着间隔安排学习时间与睡眠有可能促进学习（Stafford & Webb，2005）。

某个记忆不是被锁定在大脑某个特定的地方。涵盖记忆的神经活动模式涉及了一个延伸到很大区域的神经网络。不同记忆的神经活动模式因共享的感觉特征而相互覆盖。移除、破坏或抑制大脑某个部分的神经细胞并不能完全清除这些神经细胞参与的记忆，而仅仅是降低了记忆的细节和精确程度[①]。然而，一些参与神经活动模式的区域可能处在关键路径上，因此移除、破坏或者抑制它们能够导致模式不再被激活，也因此完全消除了其对应的记忆。

例如，研究人员长久以来认为，海马体（大脑底部附近的两个一样的海马状神经集群）在短期记忆中扮演着非常重要的角色。现代观点认为，海马体是指导神经更新的控制机制，其目的在于把记忆"烙进"大脑的神经架构之中。杏仁体（海马体前端的两个果冻豆状的神经群）有同样的作用，但它专门用来存储和强烈的情绪、恐惧相关的记忆（Eagleman，2012）。

认知心理学家认为人类的长期记忆包括以下几个独特的功能：

❑ 语义长期记忆用来存储事实和联系；
❑ 事件长期记忆用来记录以往的事件；
❑ 程序长期记忆能记住动作序列。

虽然这些功能非常有趣且十分重要，但不在本书讨论的范围之内。

短期记忆

之前讨论的过程是关于长期记忆的。短期记忆又如何产生呢？心理学家所说的短期记忆，实际上是感觉、注意以及长期记忆留存现象的组合。

感知是短期记忆的一个组成部分。我们的每一个感官都有其非常短暂的短期"记忆"，那是感官刺激后残留的神经活动导致的，就像铃铛在被敲击之后的短暂余音。在完全消失之前，这些残留感觉可作为大脑的注意机制的输入，与其他感官接收来的信号整合，使我们意识到它们。这些感官特异性的残留感觉共同组成了短期记忆的一小部分。此处，我们只关注于这些残留是否能成为工作记忆的输入内容。

我们的注意机制还可以接收通过识别和回忆而再次激活的长期记忆。就像之前解释的，每个记忆对应于一个分布于整个大脑的具体神经活动模式。某个神经活动模式一旦被激活，记忆模式就会成为注意机制的候补，因此长期记忆是工作记忆的潜在输入内容。

人类大脑有多个注意机制，一些是主动的，一些是被动的。它们使我们的意识专注于感觉和被激活的长期记忆中非常小的子集，而忽略所有其他部分。这个存在于我们"此刻"的意识

---

① 这与从全息图像切下片段的效果类似：把图像整体的分辨率降低了，而不是像从一张普通照片上剪下碎片。

中、来自于感觉系统和长期记忆信息的小子集，构成我们短期记忆的主要部分，也被认知学科学家称为工作记忆。它整合了所有我们的感知形式和长期记忆。本书后面，我们将把关于短期记忆的讨论限定在工作记忆上。

那么，什么是工作记忆呢？首先我们要说明的是，它不是什么。它不是一个存储区域——大脑中加工记忆和感知的区域，也不是数字计算机中的累加器或快速随机存取存储器。

工作记忆是，对在给定时间内意识到的所有东西的注意焦点的组合。更准确地说，它是感觉和长期记忆中那些被激活，我们能够在短期内的意识到的部分。心理学家也认为工作记忆包括执行功能——主要位于大脑皮层的前半部分，它操纵着我们注意的对象，在需要的时候更新这些对象，以保证其能存留在我们的意识之中（Baddeley，2012）。

关于记忆的一个非常简单但贴切的类比是，记忆是个巨大、黑暗、充满霉味的仓库。仓库中充满了长期记忆，杂乱随意地堆在一起（没有整齐地堆叠起来），各种记忆纠缠在一起，混乱不清，大部分记忆上面都覆满了灰尘和蛛网。墙上的门如同我们的感觉器官，分为视觉器官、听觉器官、嗅觉器官、味觉器官和触觉器官。这些门会暂时打开，以让感知信息进入。感知信息进入之后能被来自外界的光照亮，但很快会被（更多进入的感知信息）推进黑暗、纠缠在一起的陈旧记忆之中。

仓库的天花板上固定着数个探照灯，它们被注意机制的执行功能所控制（Baddeley，2012）。这些探照灯来回摇动，照在记忆堆上的某个物体上，将它们照亮，直到灯光摇开，聚焦到其他地方。有时候，一个或两个探照灯会照在刚通过门进来的物体之上。当一个探照灯移动到新的物体之上，那么之前被照亮的物体就会陷入到黑暗之中。

这些数量不多，固定的探照灯代表着工作记忆的有限能力。被灯光照亮的东西（刚通过打开的门口的东西）代表着工作记忆的内容：它是我们在特定时刻关注的少量事物，可能是仓库中的任何东西。参见图 7-2 形象化的表达。

这个关于仓库的类比十分简单，并不严谨。如第 1 章所述，感觉器官并不仅仅是由环境"推动"感知信息，到达大脑的门廊。我们的大脑主动且持续地寻找重要事件，然后在环境中将其找出来，根据需要"拉动"感知信息（Ware，2008）。另外，大部分时间，我们的大脑内都充满了各种活动，内部的活动根据感觉输入进行调整，而并不是由其决定（Eagleman，2012）。如前所述，记忆并非位于某个特定位置的物体，而是体现为分布在大脑周围的神经网络。最后，激活大脑中的某段记忆时，可同时激活相关的记忆，我们给出的仓库—探照灯比喻体现不出这一点。

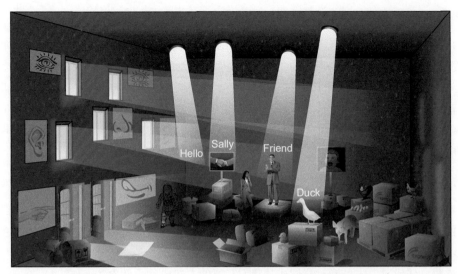

图 7-2
当前关于记忆的观点：一个充满了物体的黑暗仓库（长期记忆），其中的探照灯照在一些物体之上（短期记忆）

无论如何，以上比喻（特别是关于探照灯的比喻）说明了一点，工作记忆是若干注意焦点（我们意识到的，当前处于激活状态的神经模式）的组合，它的能力非常有限，而且任意给定时刻的内容非常不稳定。

那么那些发现大脑某些部位的损伤造成短期记忆障碍，而另一些部位的损伤造成长期记忆障碍的早期研究说明了什么呢？当前对这些发现的解释是有些类型的损伤降低或者消除了大脑注意某些事物和活动的能力，而另一些损伤则伤害了大脑存储或者回忆长期记忆的能力。

注意力和工作记忆的特点

如前所述，工作记忆等于注意的焦点，焦点内的任何事物都是我们随时能意识到的。 但是什么决定了我们关注的东西？在特定时刻，我们能有多么专注呢？

注意高度集中且具有选择性

专注的时候，你意识不到周围大部分事物的动向。感知系统和大脑采样对于周围的事物选择性极高，因为它们没有能力处理所有事物。

现在，你能够意识到刚才读过的最后几个词和文章的大意，但可能记不住你前面那堵墙是什么颜色。现在，我已经转移了你的注意力，你正在关注墙的颜色，可能已经忘了在上一页读到的一些内容。

第 1 章描述了感知基于目标的过滤和挑选作用。如果你正在拥挤的商场里寻找你的朋友，那么视觉系统会"准备好"关注到那些看上去像你的朋友的人（包括他的衣着），除此之外，不会注意到其他的任何东西。同时，听觉系统也"准备好"关注那些听上去来自于你的朋友的声音，甚至是走路的脚步声。边界视野内的身形和听觉系统捕捉到的声音，能够和你的朋友的特征相匹配时，你就会把目光投向这两种要素的位置。在你寻找的过程中，所有长相和声音与你的朋友类似的人都会吸引你的注意力，而平时能吸引你的东西却不能。

除了关注和当前目标有关的物体和事件之外，我们的注意力通常会被以下目标所吸引。

- ❏ **移动，特别是我们周围或是朝着我们移动的东西**　例如，走在街上时，突然跳到你面前的东西；游乐场中鬼屋里飘向你的某些东西；或是从临近车道突然转到你的车道的汽车（参见第 14 章关于逃避反应的描述）。
- ❏ **威胁**　任何看上去可能对我们或是我们在意的人造成危险的事物。
- ❏ **人脸**　我们有一种与生俱来的能力：相比所处环境中的其他事物，我们更容易注意到人脸。
- ❏ **性和食物**　即便是拥有幸福美满的婚姻、酒足饭饱，这些东西依然能吸引我们的注意。即便只是相关的词汇，可能也会迅速抓住我们的注意力。

我们会不由自主地被这些东西以及当前的目标所吸引，全身心地投入其中，从而忽略了环境中其他东西的存在。与之相反的理论是：感知系统会在潜意识中找到那些值得注意的东西，然后将注意力转向目标，而我们是在这之后才感知到目标物[①]。

注意力的容量（即工作记忆的容量）

工作记忆的主要特征是较低的记忆容量和易失性。但记忆容量究竟是什么呢？在前面引入的关于仓库的类比中，对应的就是究竟有多少个固定的探照灯吗？

工作记忆的低容量是为人所熟知的。很多上过大学的人都读到过"神奇的数字：7（±2）"这一理论，它是认知心理学家 George Miller 于 1956 年提出的理论，关于人类工作记忆能够同时记住互不相关东西的数量限制（Miller，1956）。

Miller 对工作记忆限制的描述自然会引起一些问题。

- ❏ **工作记忆中的东西是什么？** 它们是当前的感觉和回忆起的记忆。它们是目标、数字、单词、名字、声音、图像、味道等任何人能够意识到的东西。在大脑中，它们是神经活动模式。

[①] 第 14 章将探讨这一过程究竟是多长时间。

❑ **为什么这些东西必须互不相关？** 因为如果两个东西有关联，就对应到一个大的神经活动模式，即同一组特征，因此也就是一个东西，而不是两个。

❑ **为什么有这个不准确的"±2"？** 因为研究者们无法以完美的精确度测量人们能回忆起多少东西，也因为人们在记忆上存在的个体差异。

20 世纪 60 年代和 70 年代的研究发现 Miller 的预计偏高了。在 Miller 的实验里，向人们展示的对象可以被"组块"（即被认为是相关的），使得人们的工作记忆显得要比实际上能记住更多东西。而且 Miller 实验中的所有实验对象都是大学生，而不同人群的工作记忆容量不同。当实验重新设计成无法被无意地"组块"且实验对象包含非大学生时，显示的工作记忆的容量更接近于四个加减一，也就是三到五个（Broadbent，1975；Mastin，2010）。因此，在仓库的类比中，只有四个探照灯。

更近期的研究对工作记忆的容量是否应以整个或者整"组"对象来测量提出质疑。在早期实验中，人们被要求在短时间内记住相互差别很大的东西（即几乎没有相似特征的东西，比如单词或者图像）。在这种情况下，人们不必记住每个东西的所有特征并在几秒后回忆起来，只要记住它的几个特征就够了。这样人们看起来就是回忆整个东西，因此工作记忆的容量似乎可以用"整个"事物来测量。

近期的实验让人们记住相似的东西，即它们之间有共同特征。这时要将对象一一区分出来，人们需要记住更多的特征。这些实验发现人们记住某些东西的细节（即特征）比另一些多，而且他们对于越注意的东西，记住的细节就越多（Bays & Husain，2008）。这些发现意味着注意单位（也是工作记忆的容量限制单位）最适合用事物特征来衡量，而不是整个或者成"组"的事物（Cowan，Chen & Rouder，2004）。虽然这和大脑是特征识别装置的现代观点一致，但在记忆研究人员间仍存在争议，有些研究人员认为人类的基本工作记忆容量是三到五个整个的东西，但是如果此物细节（即特征）很多，这一数量会有所减少（Alvarez，Cavanagh，2004）。

结果就是：人们工作记忆的容量依然还在研究。

工作记忆的第二个重要特点是它非常不稳定。认知心理学家曾经说进入工作记忆的新东西经常把旧的挤出去，但这样描述工作记忆的不稳定性是基于将其视为临时存储空间的观点的。现代将工作记忆视为注意当前焦点的表达更清楚：将注意转移到新事物上就得将其从之前关注的事物上移开。所以探照灯的类比是很贴切的。

不论我们如何描述工作记忆，信息总是很容易从中丢失。如果不将工作记忆中的东西结合或者重复，我们就冒着对它们失去关注的风险。这样的不稳定性不仅适用于物品的细节，同样也适用于我们的目标。与工作记忆丢失信息对应的就是忘记要做什么或者某件事情做到哪一步了。我们都有过类似的经历，举例如下：

- 去另一房间拿一件东西，到了房间却忘记要做什么；
- 接了个电话后忘记我们接电话前在做什么；
- 谈话中突然被某件事情打断，回头发现忘记了我们之前谈了什么；
- 在把一长串的数字相加起来时，被某件事打断，之后不得不重新开始计算。

工作记忆测试

准备一支笔和两张白纸，然后按以下步骤做。

(1) 用一页空白纸盖住下图。

(2) 向下拉开纸，看第一行的黑色数字三秒钟，然后仍然用纸盖住。不要看图中的其他数字，除非你想破坏这个测试。

(3) 将你的电话号码从后往前大声地说出来。

(4) 现在凭记忆将黑色数字写下来。……你能把所有数字都写下来吗？

(5) 回到图片，看红色的数字（位于黑色数字之下）三秒钟，再盖住。

(6) 写下记忆中的那些数字。如果你注意到它们是圆周率（3.141 592）的前 7 位数字，就会比回忆第一次的那些数字容易，因为这样它们就是一个数，而不是 7 个数。

(7) 回到图片，看绿色的数字三秒钟，再盖住。

(8) 凭记忆写下那些数字。如果你注意到它们是 1~13 的奇数，就比较容易，因为它们可以是 3 个"块"（"奇数、以 1 开头、以 13 结尾"或者"奇数、7 个、从 1 开始"），而不是 7 个数字。

(9) 回到图片，看橙色的单词三秒钟，再盖住。

(10) 凭记忆写下那些单词。……你能把它们都回忆出来吗？

(11) 回到图片，看蓝色的单词三秒钟，再盖住。

(12) 凭记忆写下那些单词。……这次肯定非常容易将它们都回忆出来，因为它们构成了一个句子，因此它们能够被记忆成一句话而不是 7 个单词。

3 8 4 7 5 3 9

3 1 4 1 5 9 2

1 3 5 7 9 11 13

town river corn string car shovel

what is the meaning of life

工作记忆的特点对用户界面设计的影响

工作记忆的容量和不稳定性对交互式计算机系统的设计有很多影响。最基本的启示是，用户界面应帮助用户从一个时刻到下一时刻记住核心的信息。不要要求用户记住系统状态或者他们已经做了什么，因为他们的注意力专注于主要目标和朝向目标的进度。接下来是具体的例子。

模式

工作记忆的容量和不稳定性有限，因此，用户界面设计准则中经常说，要么避免使用模式、要么提供足够的模式反馈。在一个使用模式的用户界面下，一些用户操作根据系统所在的不同模式会有不同的效果，举例如下。

- ❑ 在车里，根据当前变速器在前进挡、倒挡或者空挡，踩下油门踏板可以将车向前移动、向后移动或者不移动。变速器决定了汽车的用户界面模式。
- ❑ 在许多数码相机里，按下快门可以是拍照片或者拍摄视频录像，这取决于当前选择了哪个拍摄模式。
- ❑ 在绘画程序里，点击和拖曳通常是在画面上选择一个或者多个图形对象，但是当软件处于"画方框"模式时，点击和拖曳是在画面上添加了一个方框并将它拉至希望的尺寸。

带模式的用户界面有其优势，这是很多交互系统提供模式的原因。模式允许一个设备具有比控件还多的功能：同样的控件在不同模式下提供不同的功能。模式让交互式系统分配不同的意义给同样的操作从而减少用户必须学习的操作的数量。

然而，模式有一个为人熟知的缺点，就是人们经常犯模式错误：他们会忘记系统当前所处的模式而导致误操作（Johonson，1990）。尤其是在对当前处于哪个模式提供糟糕的反馈的系统中，这个缺点尤其明显。因为模式错误的问题，很多用户界面设计准则说要么避免模式，要么提供强烈的反馈告知当前所在的模式。人类工作记忆太不可靠，以致设计者不能假设用户在没有清晰、连续的反馈时，能够记住当前系统处于何种模式，即使系统的模式切换是由用户决定的。

搜索结果

当人们在电脑上使用搜索功能查找信息时，他们输入搜索词，开始搜索并查看结果。评估结果经常要求知道对应的搜索词是什么。如果工作记忆不是那么有限，人们在浏览结果时，通常能够记住几秒钟之前他们用的搜索词是什么。但如我们已经了解到的，工作记忆是非常有限的。当结果出现时，人们的注意力自然地从他们输入的词转移到了结果上。因此人们查看搜索结果时经常会忘记用的搜索词是什么，这一点也不奇怪。

不幸的是，一些在线搜索的设计者并不了解这个。搜索结果有时并不显示产生这个结果所用的搜索词。例如，2006 年 Slate.com 的搜索结果页面提供了搜索输入框，却没有显示用户之前用的搜索词（见图 7-3A）。该网站的更新版本显示了用户的搜索词（见图 7-3B），从而减少了对用户工作记忆的压力。

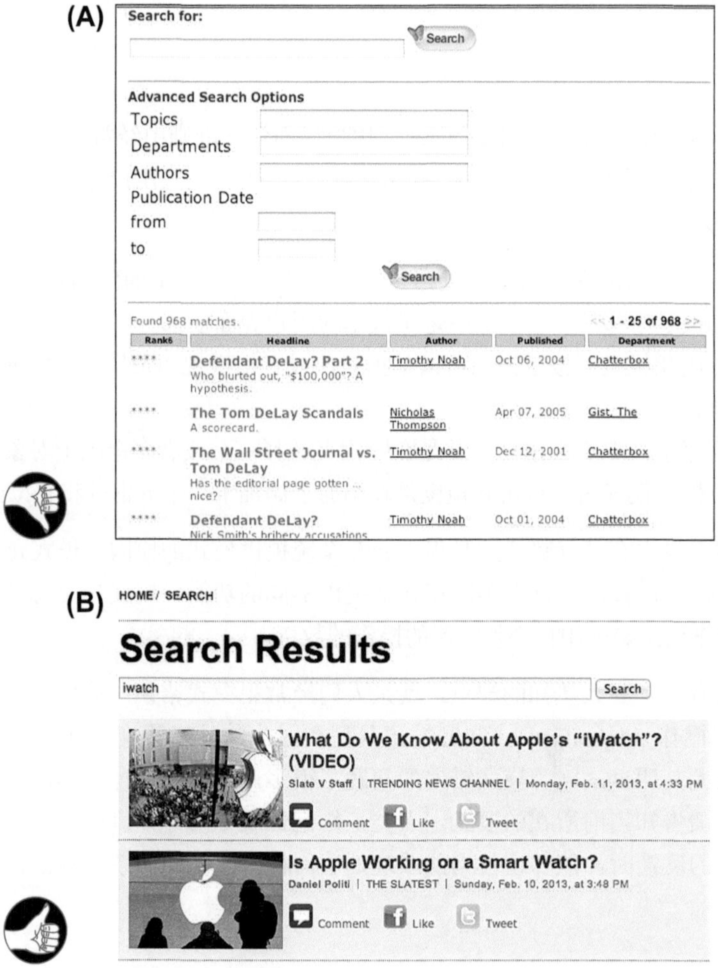

图 7-3

Slate.com 的搜索结果：（A）2007 年，没有显示用户搜索词；（B）2013 年，显示了搜索词

行为召唤

写电子邮件时有个人尽皆知的礼貌之举，特别是对于那些希望收到回复或是要求收件人做一些事情的邮件，那就是每封邮件限定一个主题。如果一封邮件包含多个主题或要求，那么收

件人可能只会注意到其中的一个（通常是第一个），然后全神贯注地回复这一主题，从而忽略或忘记了邮件的其他内容。不同的话题或请求分别写单独的邮件，这一准则的依据就是人类注意能力有一定的局限性。

网页设计师都熟知一个类似的设计原则：不要在一个页面之内放置多个相互竞争、夺取用户注意力的"行动召唤"（Call to Action）元素。每个页面应该只放置一个占主导地位的行动召唤元素，或针对每个可能的用户目标放置一个，这样才不至于超出用户的注意能力，把用户引导至无法完成用户目标（或是网站拥有者的目标）的道路上。一个相关的准则是：只要用户明确了自己的目标，就不要显示一些会分散用户注意力、无关的链接和行动召唤元素，应该利用被称为"流程漏斗"（process funnel）的设计准则引导用户完成目标（van Duyne 等，2002；另参见 Johnson，2007）。

指令

如果你问一个朋友一份菜谱或者去她家的路线，她给了你一长串步骤，你多半不会试图把所有的都记下来。你知道自己无法可靠地把所有指令都用工作记忆记下来，于是你会拿笔记下或者请求你的朋友用电子邮件发给你。在迟些用到这些指令时，你会将它们放在你能够看到的地方，直到目标完成。

类似地，在多步操作中用来显示使用说明的交互系统，应该允许人们在完成所有操作步骤的过程中随时查阅使用说明。大多数系统都会考虑到这一点（见图 7-4），但有的也做不到（见图 7-5）。

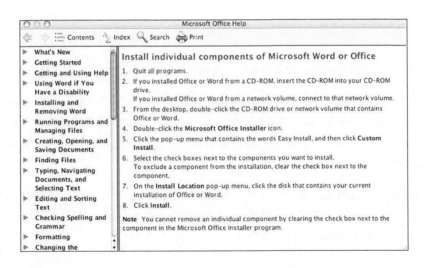

图 7-4

Windows 帮助文件里的指示在用户按步骤操作时一直保持显示

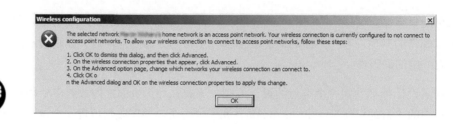

图 7-5

Windows XP 无线网络设置的操作指示一开始就要求用户关闭指示框

导航深度

软件产品、电子设备、手机菜单系统以及网站之类产品的设计通常涉及一个问题：如何把用户引导至他们所需的信息或目标处。对于大部分用户而言——特别是非技术人员，宽而浅的导航层级结构比窄而深的结构更易于使用，用户对前者更为熟悉，这一点已被广泛接受（Cooper，1999）。这一理论完全适用于应用程序窗口、对话框以及菜单的层级结构的设计。

另一个相关的准则是：在超过两个层级的结构中，提供"面包屑"式的导航路径能提醒用户他当前正处于什么位置（Nielsen，1999；van Duyne 等，2002）。

这些准则和前面提到的一样，都是建立在人类有限的工作记忆之上的。要求用户经过 8 个层级去找到对话框、网页、菜单或是表格，尤其是在没有为这些元素给出视觉提示的情况下，肯定会超出用户工作记忆的能力，最终会导致用户忘记他当前所处的位置，以及是从什么地方进来的，要去什么地方。

长期记忆的特点

长期记忆与短期记忆有许多差别。与短期记忆不同，长期记忆的确能存储记忆。

然而，具体的记忆不会存储在任何神经细胞或者大脑的某个部位。如前所述，记忆像感觉一样，由大量神经细胞的活动模式组成。相关的记忆与重叠覆盖的神经活动模式相对应。这意味着每个记忆都是分布式存储，分散在大脑的许多部位。这样，大脑中的长期记忆与全息成像的图像类似。

长期记忆经过进化，得以很好地为我们的祖先和我们在这个世界生存而服务。然而它也有很多缺点：容易出错、印象派、异质、可回溯修改，也容易被记忆或者获取时的很多因素影响。现在，让我们列出这些缺点。

易产生错误

几乎我们经验中的所有东西都存在于长期记忆里。与短期记忆不同，人类的长期记忆似乎没有限制。成人的大脑中有 860 亿个神经元（Herculano-Houzel，2009）。如前所述，单个神经细胞并不存储记忆，记忆是多个神经细胞网络共同形成的编码。虽然参与记忆的只有大脑中的部分神经细胞，但大量的神经细胞可以组成许多完全不同的组合，每一个组合都表示不同的记忆。目前为止，还没有人测量甚至是估计出人类大脑能记住的最大信息量[①]，不管具体是多少，总之是很多。

然而，长期记忆不是对我们经验准确的、高解析度的记录。用计算机工程师熟悉的话来说，长期记忆可以说是使用了高压缩比的方法而导致了大量信息的丢失。图像、概念、事件、感觉和动作，都被减弱到抽象特征的组合。不同记忆以不同的细节层次记录，也就是按特征的多少记录。

例如，短暂接触了一位对你并不重要的人，你仅仅记录他为留着胡子的普通高加索男性的脸，没有更多的细节，也就是一张减弱为三个特征的脸。如果在他不在场时要求你再描述他，你能诚实地说出的最多就是他是个"留着胡子的白人"。你无法从警察排出的其他留着胡子的高加索人中把他认出来。然而，至于你最好的朋友，你记忆中他的脸就带有非常多的特征，使得你能够给出详细的描述，并在任何警察认人要求中把他认出来。尽管如此，那也还是一组特征，远远不是一张点阵图像。

再举一个例子，我对童年时被一台扫雪机压过并受了严重的割伤记忆犹新，但我父亲说那事发生在我弟弟身上。我们其中一人肯定记错了。

在人机交互方面，微软 Word 的用户可能记得有一个命令可以插入页码，但他们可能忘了这命令在哪个菜单项里。这个功能在用户学习使用时可能就没记住。或者，也许菜单位置被记住了，但用户在试图回忆如何插入页码时，这个信息没能从记忆中被激活。

受情绪影响

第 1 章描述了一条狗每次乘主人的车回到家时都记得看到一只猫在它的前院。那狗第一次看到猫的时候处于兴奋状态，因此它对猫的记忆非常强烈和真实。

再举一个例子，一个成年人很容易对他第一天上幼儿园的情景记忆犹新，但多半不记得他第十天上幼儿园的情景。第一天，他可能因为被父母留在幼儿园而感到难过；而到了第十天，被留在那里已经没什么了。

[①] 与此最相关的是 Landauer（1986）的研究，他利用人的平均学习速度来计算一个人一生能够学习到的信息量：109 比特，或者说几百兆字节。

追忆时可改变

假设你与家人参加游轮旅行时看到了鲸鲨。多年以后，当你和家人谈起那次旅游时，你可能记得看到了鲸鱼，而一位家人可能记得看到了一条鲨鱼。鉴于二者概念不匹配，对你们俩来说，一些长期记忆中的细节已经丢失了。

举一个真实的例子：1983 年，当时的美国总统罗纳德·里根在第一届任期中与犹太人领袖谈话时，谈到了二战时自己曾在欧洲帮忙将犹太人从纳粹集中营解放出来。问题是，他在二战时从来没有到过欧洲。事实是，他当演员时曾出演过一部关于二战的、完全在好莱坞制作的电影。他记忆中的重要细节丢失了。

长期记忆测试

回答以下问题来测试你的长期记忆。

(1) 第 1 章的工具箱图里是否有一卷胶带？

(2) 你上一个电话号码是什么？

(3) 以下哪些单词没有出现在本章之前的短期记忆测试里：city、stream、corn、auto、twine、spade？

(4) 你一年级老师的名字是什么？二年级的？三年级的？……

(5) 之前提到的那个没有在显示搜索结果时显示搜索词的网站是什么？

关于第 3 题：在记忆单词时，记忆的经常是单词的概念，而不是单词本身。例如，有人可能听到单词"城镇"（town），而之后回忆成"城市"（city）。

长期记忆的特点对用户界面设计的影响

长期记忆特点的主要启示在于，人们需要工具去加强它。从史前时期开始，人们发明了各种帮助自己长期记住事物的技术：刻了槽的木棍、打了结的绳索、记忆术、口述的故事和炉火边口耳相传的历史、文字、经卷、书籍、数字系统、购物单、检查表、电话本、日记本、记账本、烤箱计时器、计算机、移动数字助手（PDA）、在线共享日历等。

既然人类需要加强记忆的技术，很显然，软件设计者们应该试图提供能够满足这个需求的软件。至少，设计者们应该避免开发出造成长期记忆负担的系统。而那正是许多交互系统存在的问题。

身份认证这个功能是许多软件系统附加在用户长期记忆上的一个负担。例如，一个几年前开发的网络应用要求用户将他们的密码改为"一个容易记住的数字"，但又强加了无法容易记住的限制（见图 7-6）。不论谁写的这些指令，看起来他都发现了密码要求不合理，因为最后的指令要求用户写下他们的密码！暂且不论把密码写下来也是一个安全隐患，这增加了又一个记忆任务：用户必须记住他们在哪儿藏着写下来的密码。

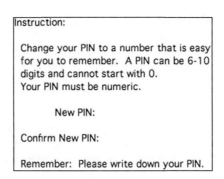

图 7-6
要求用户取一个容易记住的密码的指令，但限制又使其无法做到

一个为了安全而增加用户长期记忆负担的例子来自 Intuit.com。要购买软件，访问者必须注册。该网站要求用户从菜单里选择一个安全问题（见图 7-7）。如果你到时记不起来其中任一个问题呢？如果你记不起来第一只宠物的名字、高中的吉祥物或者任何这种问题的答案呢？

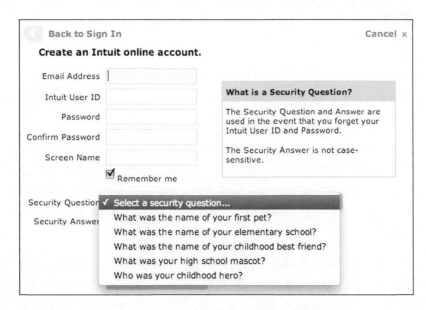

图 7-7
Intuit.com 注册页面增加长期记忆负担：对任何一个问题，用户可能没有唯一能记住的答案

　　但这并不是唯一的记忆负担，一些问题还可能有多个答案。许多人上过多个小学，有过多个儿时伙伴，或者心目中有很多英雄。为了注册，他们必须选择一个问题并且记住给了 Intuit 哪个答案。如何做到？或许是在某个地方记下来。那么，当 Intuit.com 要求他们回答这个安全问题时，他们必须想起来他们把答案放在哪儿了。为什么要增加人们记忆的负担而不是更容易地让用户自己写一个能够轻松记起答案的安全问题？

　　这种增加人们长期记忆负担的不合理要求对这个声称提供安全和效率的计算机软件起到了反作用（Schrage，2005），因为用户需要：

- ❑ 在电脑上或者附近贴便签，甚至"藏"在抽屉里；
- ❑ 在无法回忆密码时联系客服以取回密码；
- ❑ 使用非常容易被别人猜到的密码；
- ❑ 使用没有登录要求的系统，或者共用登录账号和密码。

NetworkSolutions.com 的注册表单代表了朝向可用的安全性的进步。像 Intuit.com 一样，它提供了安全问题的选择，但也允许用户创建自己的安全问题，一个他们能够轻松想起答案的问题（见图 7-8）。

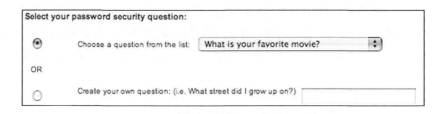

图 7-8
如果菜单中的任何一个都不能使他们满意，NetworkSolutions.com 允许用户自己创建一个安全问题

　　对交互系统来说，长期记忆的特点的另一个启发是，用户界面的一致性有助于学习和长期保留。

　　不同功能的操作越一致，或者不同类型对象的操作越一致，用户要学的就越少。存在例外或在功能与对象操作上具有很少一致性的用户界面，会要求用户在长期记忆里为每个功能、每个对象以及正确的使用环境存储许多特征。要求用户记忆太多的特征会导致界面难以学习。也使得用户记忆更容易在记忆和获取时丢失核心特征，增加用户无法记起、记错或者犯其他记忆错误的可能性。

　　虽然一些人将一致性的概念批判为定义不清和容易错误应用的设计准则（Grudin，1989），但用户界面的一致性却大大减轻了用户长期记忆的压力。马克·吐温曾经写道："如果你说真话，根本不必记住任何事情。"我们也可以说："如果所有事情都一样地运作，你将不必记住多少。"在第 11 章里，我们将回到一致性的问题上来。

第 8 章

注意力对思考以及行动的限制

当人们与周围的世界有目的地进行互动（包括使用电脑）时，他们的行为的某些方面会遵循一些可预测的模式，其中一些是由注意力的限制和短期记忆造成的。交互系统的设计如果能够认识到并接受这些模式，就能更好地适应用户的操作。一些用户界面的设计准则直接建立在这些模式上，也就间接地建立在了有限的短期记忆和注意力之上。本章将介绍 7 种重要的模式。

模式一：我们专注于目标而很少注意使用的工具

如第 7 章所解释的，我们的注意力非常有限。当人们为实现某个目标去执行某项任务时，大部分注意力放在目标和与任务相关的东西上。人们一般很少注意执行任务时所用的工具，不论使用的是电脑软件、在线服务还是交互性设备。实际上，人们仅仅是很表面地考虑所用的工具，而且只有在必要时才这样做。

我们当然能够注意自己用的工具。然而，注意力（即短期记忆）是有限的。当注意力转到工具上时，就无法顾及任务的细节了。这种注意力转移会让我们跟不上正在做的事情或者任务进度。

例如，如果你在割草时，割草机突然停止了工作，你会立刻停下来把注意力放到割草机上。重新启动割草机成了你的主要任务，你更多地注意割草机而较少地注意任何用来启动割草机的工具，就像之前你更多地注意草地而较少关注割草机一样。当割草机重新启动，你重新开始割草时，你多半已经忘记你割到草地的什么地方了，但草地会给你提示。

其他任务，比如阅读一个文档、量一张桌子的大小、数鱼缸里有多少条金鱼等，却未必能为被中断的任务提供一个如此清晰的提示，告诉你当前所处的进度。你可能不得不重新开始。你甚至可能完全忘记了自己刚才在做什么，而转身去做其他事情。

这就是为什么大多数的软件设计准则要求应用软件和大部分的网站不应唤起用户对软件或网站本身的注意，它们应该隐入背景中，让用户专注于自己的目标。这个设计准则甚至成了一本畅销网页设计书的标题：*Don't Make Me Think*（Krug，2005）（中文版书名为《点石成金》）。这个标题的意思是：如果你让我思考怎么用你的软件或者网站，而不是做我要做的事情，那你就失去我这个用户了。

模式二：我们能注意到更多与目标相关的东西

第 1 章描述了当前的目标如何过滤和挑选感知信息。第 7 章讨论了注意力和记忆的联系。本章将通过例子说明：感知的过滤和挑选，和注意以及记忆都紧密相关。

我们所处的环境中充满了感知的细节和事件。很明显，我们无法注意并关注周围发生的每一件事情。然而，令大部分人感到惊讶的是，对于周围的东西，我们注意到的是如此之少。因为短期记忆和注意能力极其有限，所以我们不会去浪费这些资源。当事件发生时，我们所注意到并记住的少量细节通常是那些在事件发生时、对我们自己的目标非常重要的东西。这揭示了两个相关的心理现象：非注意盲视（inattentional blindness）和变化盲视（change blindness）。

非注意盲视

当我们的思维被任务、目标或是某种情绪完全占据时，有时会无视所处环境中那些平时能注意到并记住的其他物体和事件。这一现象已被心理学家深入研究，称为非注意盲视（Simons & Chabris，1999；Simons，2007）。

有一个实验清晰地说明了什么是非注意盲视。该实验让被试者观看两个篮球队的比赛视频，篮球从一个球员传到另一个球员手中。要求被试者为身着白色球衣的球队计算传球的次数。在被试者观看视频并计算传球次数的时候，一个身着大猩猩服装的人溜达进了球场，捶击自己的前胸，然后离开了屏幕（见图 8-1，关于这一研究的更多信息和视频，请移步 www.dansimons.com 或 www.theinvisiblegorilla.com）。之后，询问被试者记住了视频中的哪些内容时，令人感到震惊的是，有一半的人表示没有注意到大猩猩的出现。他们的注意力完全被赋予的任务所占据（Simons & Chabris，1999）。

图 8-1
"隐形的大猩猩"研究中所用视频的场景。图片由 Daniel Simons 提供

变化盲视

研究人员发现了观察目的有效凝聚注意力和记忆的另一种方式。向人们展示一张图片，之后展示该图片的第二个版本，然后询问他们这两张图片的差别。奇怪的是，人们根本注意不到第二张图片与第一张的多处不同。为了进一步研究，研究人员提出了一些关于第一张图片的一些问题让被试者回答，从而影响他们观察第一张图片的目的，暗示他们应该注意该图片的哪些特征。其结果是，被试者除了自己关注的目的之外，注意不到图片特征的差异。这种现象被称为变化盲视（Angier，2008）。

关于目标如何凝聚注意力，并影响我们的记忆，另一个实验提供了又一个惊人的例子。在该实验中，实验人员拿着城市地图，假装是个迷路的游客，然后向路过的当地人问路。在当地人关注于"游客"的地图，试图指出最佳的路径时，两名工人（实际上是实验人员）抬着一扇门，从"游客"和给出建议的人中间穿过，此时，"游客"换成了另一个人（实验员）。令人震惊的是，在门移走之后，一半以上的当地人继续帮助"游客"，并没有发现他已经不是之前那个人了，即便前后两人身型不同，或者一个留胡子，一个没留胡子（Simons & Levin，1998）。有些人甚至没有注意到前后两人性别的变化。总之，人们只在确定游客是否存在威胁或值得帮助时才关注于游客本人，记得这个人是个需要帮助的游客后，就只关注于地图和指路的任务了。

当人们与软件、电子设备或在线服务交互时，注意不到屏幕上所展示东西变化的现象时有出现。例如，关于老人使用旅行网站的研究，由用户操作引起的价格变化通常并不明显。甚至于在关注过价格信息之后，被试人员也常常会发生变化盲视现象：在改变旅行选项（例如，出发城市、额外的游览旅行、客舱等级）时，他们通常注意不到价格的变化（Finn & Johnson，2013）。该研究的被试只包括年长者，我们无法确定青年人是否会出现相同的问题。

由此得出的用户界面设计准则是：把界面的变化显性化，也就是说，高度突出显示，然后通过一些步骤把用户的注意力引导至变化发生的地方。例如，把用户注意力引导至新的错误提示的一种方式是，在提示第一次出现时短暂地振动（参见第 6 章），或在"恢复正常"之前短暂地以高亮效果显示。

我们的大脑中发生了什么

我们的大脑对显示在电脑屏幕上的物体会有所反应，研究人员使用功能性核磁共振成像技术和脑电图研究了注意力对这一反应的影响。

当人们被动地观看电脑显示屏上物体的出现、移动和消失过程时，大脑的视皮层会呈现一定的活动水平。当人们被告知要寻找（即注意）某一目标时，视皮层的活动水平会明显增加。当被告知忽略掉某些对象时，在这些对象出现时，视皮层的神经活动水平会下降。之后，对于看到和未看到的对象的记忆程度，与人们关注这些对象的程度，以及大脑的活动水平有关（Gazzaley，2009）。

模式三：我们使用外部帮助来记录正在做的事情

因为我们的短期记忆和注意力如此有限，我们学会了不依赖它们，而是在周围的环境中做出标记来提醒自己任务做到哪一步了。这样的例子有以下几个。

- ❑ **数东西**　如果可能，我们将已经数过的东西放到一边作为标记。如果它们移动不了，我们会用一个标识来指向数到的最后一个。为了记录东西的数量，我们数手指、画标记或者把数字写下来。
- ❑ **读书**　当停止阅读时，我们会在读到的那页插入书签。
- ❑ **算术**　我们学会用纸笔计算，或者使用计算器。
- ❑ **检查清单**　我们用检查清单来协助自己的长期和短期记忆。对关键的或不常操作的任务，检查清单帮助我们记住要做的所有事情。它们就是这样增强了我们不那么靠谱的长期记忆。执行任务时，我们会把清单中已经完成的项目一个一个划掉。这是在协助短期记忆。一个无法做标记的检查清单是不好用的，所以我们就为清单制作副本，然后在副本上做标记。
- ❑ **编辑文档**　人们经常把需要编辑的文档、正在编辑的文档和已经完成编辑的文档分别放在不同的文件夹内。

　　这样的模式意味着，交互系统应该分别标识出哪些是用户已经完成的，而哪些是用户还没完成的。大多数电子邮件客户端软件会有区别地标记出已读和未读邮件，大多数网站也会对是否访问过的链接做出不同的标识，而许多应用软件则是标识出多步骤任务中已经完成的部分（见图 8-2）。

图 8-2
Mac OS 软件更新显示哪些已经更新完成了（绿色对钩）和哪些正在更新中（转动的圆圈）

　　第二个设计意味着，交互系统应该允许用户标记或者移动对象，以便分别标识哪些是他们已经做过的，哪些是还没做过的。Mac OS 允许用户给文件分配不同颜色，就像把文件移动到不同文件夹里一样，这么做可以帮助人们记住任务做到哪儿了（见图 8-3）。

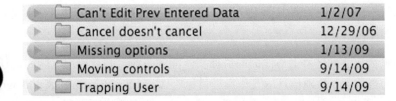

图 8-3
Mac OS 允许用户为文件或者文件夹分配不同的颜色，用户可以用颜色来记录自己的工作

经www.OK/Cancel.com许可使用

模式四：我们跟着信息"气味"靠近目标

把注意力集中在目标上使得我们只从字面上理解在屏幕上看到和从电话菜单中听到的信息。人们不会深入思索指令、命令名、选项标签、图表、导航栏上的项目，或者基于计算机的工具上用户界面的其他内容。如果脑子里想的是预定航班，人们的注意力会被屏幕上任何带有"购买"、"航班"、"机票"或者"预定"的东西所吸引。设计者或者营销人员认为可能会吸引用户的其他东西，比如"廉价酒店"，则不会吸引试图购买机票的人的注意，但是它们可能会被想赚便宜的人的注意到。

人们只会注意到屏幕上与他们的目标相匹配的东西，并且使用电脑完成任务时仅从字面上考虑的行为被称为"跟随信息的气味靠近目标"（Chi，Pirolli，Chen & Pitkow，2001；Nielsen，2003）。看一下图8-4中的银行自动柜员机的屏幕。当要完成图中所示的各项目标时，屏幕上哪些东西首先吸引到你的注意力？

你或许注意到了，列出来的目标最初把你的注意力引到了错误的选项。"汇款支付牙医"是在"Payment"（支付）还是"Transfer"（汇款）里呢？"开新账户"或许让你立刻看到"Open-End Fund"（互助基金），虽然它实际上归属于"Other Service"（其他服务）。"Request Cheque Book"（申请支票本）是不是因为与目标"购买旅行支票"很相似而吸引了你的视线？

在非常多的情景和系统下观察到的这种跟随信息气味的目标导向策略，意味着交互系统应设计得具有强烈的信息气味，并且真正能引导用户实现目标。要做到这点，设计者们需要理解用户每次在做决定时目标可能是什么，并保证软件为用户的每个重要目标提供选项，并清晰地标识出各个目标所对应的选项。

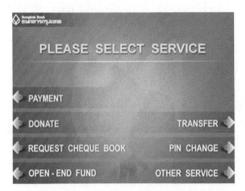

对于以下目标，屏幕上的哪个项目
会吸引你的注意呢？

- 支付账单
- 向存款账户转账
- 汇款支付牙医
- 修改密码
- 开新账户
- 购买旅行支票

图 8-4

自动柜员机屏幕。那些在字面上匹配目标的选项一开始就能吸引我们的注意力

例如，想象一下你想要取消一次预定或者已安排好的付款。你通过系统取消它并得到一个确认对话框问你是否确定要这么做。你希望选项怎么显示？既然已经知道人们在随信息气味接近目标时是从字面上解释信息的，标准标记为"OK"（确定）和"Cancel"（取消）的确认按钮会给出误导的气味。比较 Marriott.com 和 Quicken.com 的取消确认对话框，我们看出 Marriott.com 的标识比 Quicken.com 的提供了更清晰的信息气味（见图 8-5）。

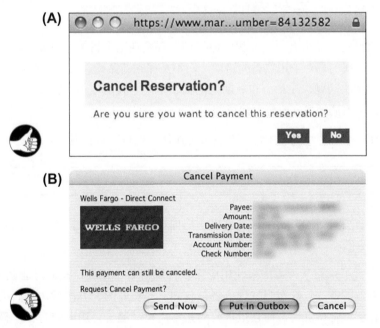

图 8-5

Marriott 的确认取消对话框（A 图）提供了比 Quicken（B 图）更清晰的气味

再举一个例子，想象一下你试着打开一个已经打开却忘记了的文档。Microsoft Excel 的设计者比 Microsoft Word 的设计者做得更好，他们预料到这种情况，明白用户此刻的目标，并提供了清晰的指令和选择（见图 8-6）。

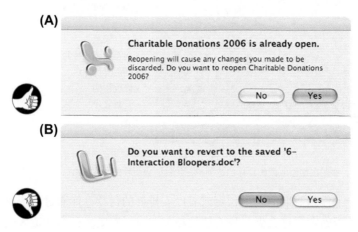

图 8-6

当用户试图打开一个已经打开的文档时，Microsoft Excel 的警告对话框（A 图）比 Word 的（B 图）更清晰明确

模式五：我们偏好熟悉的路径

人们知道自己的注意力有限，并相应地行动。要实现某个目标，只要可能，尤其是在有时间压力的情况下，我们都会采用熟悉的路径，而不是探索新路径。第 10 章会更全面地解释，探索新的路径就是解决问题，注意力和短期记忆就要承受巨大的压力。相反地，采用熟知的路径是相当自动的，也不消耗多少注意力和短期记忆。

多年前，在一个可用性测试中，一个测试者在任务执行时对我说：

> 我赶时间，所以走了远路。

他知道多半有更有效的方法来做一件事，但他也知道找到捷径需要花时间和动脑子，而这两样他都不愿意去做。

一旦我们学会了采用某种方法来使用应用软件执行某个任务，我们可能就会继续这么做，不会再去找更有效的方法。甚至当发现或者被告知有"更好的"方法时，我们可能还是会用老方法，因为熟悉它、觉得舒适，而且最重要的是不需要动脑子。用电脑时不动脑子很重要。人们更愿意为了少动脑子而多敲键盘。

为什么会这样，是因为我们懒得运用智力吗？一般来说，确实是这样。有意识的思考很迟缓，十分耗费工作记忆而且会消耗大量能量。我们必须"靠电池（即我们吃的食物）运行"，所以保持能量是我们的一个很重要的天性。无意识地活动既快速，又不会过多耗费工作记忆，而且还节约能量。所以大脑会试着尽量用无意识的方式运转。

对交互性系统的设计来说，用户这种对熟悉的和相对不需要动脑子的路径的偏好意味着：

❑ **有时不动脑子胜过按键**　在使用银行自动柜员机或者家庭财务软件这类偶尔用或者不常用的软件时，用户应该能够很快上手，而且对他们来说，减少问题比减少击键要重要得多。这样的软件的使用频度没有高到让人在乎每个任务中所需的按键次数。另一方面，对于那些在紧张工作环境下全天使用软件的训练有素的用户，例如航班预订的电话客服人员，每个任务中的每一次的按键都在增加成本。

❑ **引导用户到最佳路径**　在第一屏或者网站主页上，软件就应把到达用户目标的路径展现出来。这基本上就是软件应提供清晰的信息气味这一准则。

❑ **帮助有经验的用户提高效率**　在用户获得经验后，应让他们能够很容易地转移到更快的路径上。在为新用户提供的较慢的路径上应显示可能的快速路径。这就是为什么大部分软件在菜单中标记出常用功能的快捷键。

模式六：我们的思考周期：目标，执行，评估

几十年来，研究人类行为的科学家们在许多行为上发现了如下周期性模式：

❑ 建立一个目标，比如开一个银行账户、吃个桃子或者在文档里删除一个单词；

❑ 选择并执行一系列实现目标的动作；

❑ 评估这些动作是否成功，即目标是否完成或者是否更接近目标了；

❑ 重复，直到目标完成（或者看起来无法完成）。

人们不断地重复循环这样的模式（Card，Moran & Newell，1983）。实际上，我们在许多不同层面上同时进行这样的周期循环。例如，试着在一个文档里插入一张图片，是完成学期报告这个大任务的一部分，而这又是完成历史课程这个更大的任务的一部分，进一步又是大学毕业这个更高目标的一部分，而这是在高一层上找到一份好工作的目标的一部分，进而又是能够过上较舒适生活这个最高目标的一部分。

让我们以一个典型的电脑操作任务为例，把在线购买机票的周期过一遍。用户首先建立该任务的首要目标，然后将其分解成朝向这个目标的多个行动。有希望的操作被选出、执行，然后评估它是否让用户更靠近目标了。

- ❏ **目标**　通过你最喜欢的旅行网站，购买去柏林的飞机票。
- ❏ **第一步**　去旅行网站。你离目标还很远。
- ❏ **第二步**　搜索合适的航班。这是旅行网站普遍可预期到的步骤。
- ❏ **第三步**　查看搜索结果。从列出的航班中选出一个。如果没有搜索到合适的航班，回到第二步用新的条件搜索。虽然还没达到目标，但你有信心。
- ❏ **第四步**　去结算。现在你已经离目标近在咫尺了。
- ❏ **第五步**　确认航班信息。确认所有具体细节都正确，如果不是，返回，否则继续。几乎就要完成了。
- ❏ **第六步**　用信用卡购买机票。确认信用卡信息，都好了吗？
- ❏ **第七步**　打印电子机票。目标完成。

在购买机票的例子里，为了简洁，我们没有展开每一步的细节。如果展开，我们能够看到每一步内都有更小的步骤以同样的“目标－执行－评估”的周期进行。

让我们试试看另一个例子，这次检视一些高层步骤内的细节。这次的任务是给一位朋友送花。如果仅仅看顶层的步骤，我们看到的是：

给朋友送花。

如果我们要检视这个任务的目标－执行－评估周期，就必须将其分解。首先得问，如何把花送给朋友？要回答这个问题，就要把顶层任务分解成子任务。

给朋友送花。
 找到鲜花递送网站。
 订购鲜花并寄送给朋友。

大多数情况下，我们确定的这两步已经够细了。在每个步骤执行之后，我们评估是否接近了目标。但每一步又是如何执行的呢，要了解这点，我们必须将每个大步骤分解成小目标，再将小目标分解成多个子步骤。

给朋友送花。
 找到鲜花递送网站。
  打开浏览器。
  访问 Google 搜索页面。
  在 Google 搜索页面输入“鲜花递送”。
  检查搜索结果的第一页。
  浏览列出的一些链接。
  选择一个鲜花递送服务。

订购鲜花并寄送给朋友。

检查在鲜花递送服务网站上可选的鲜花。

选择鲜花。

指定递送的地址和日期。

为鲜花和递送服务付款。

在每一个子步骤执行后，我们都评估一下它是否让我们更接近它所属的子目标。如果我们要查看每一个子步骤是如何被执行和评估的话，就要将其当做一个"子"子任务并分解成构成它的步骤。

给朋友送花。

找到鲜花递送网站。

打开浏览器。

- 点击浏览器在任务栏、开始菜单或者桌面上的图标。

访问 Google 搜索页面。

- 如果 Google 不是浏览器的起始页面，到收藏夹里找 Google。
- 如果 Google 不在收藏夹里，在浏览器的地址栏里输入 google.com。

在 Google 搜索页面输入"鲜花递送"。

- 点击搜索输入框。
- 输入文字。
- 修改拼写错误，把"献花"改为"鲜花"。

访问列出的一些链接。

- 移动光标到链接。
- 点击链接。
- 查看打开的网页。

选择一个鲜花递送服务。

- 在浏览器里输入所选的递送服务的网站地址。

…

你应该大致明白了。我们可以如此不断扩展，一直具体到每个字符的输入和鼠标的移动，但实际上不需要到这么细节的地步就能很好地理解任务，从而将软件设计为符合每一步和其目标－执行－评估周期的产品了。

软件该如何帮助用户完成这样的目标－执行－评估周期呢？可以用以下任一方式。

❏ **目标**　为软件应当支持的用户目标提供清晰的路径，包括起始步骤。

❏ **执行**　软件中的概念（对象和动作）应该基于任务而不是如何实现（见第 11 章）。不要逼迫用户去搞清楚软件里的对象和动作是如何对应到要执行的任务的。在每个需要为实现目标做选择的节点上提供清晰的信息气味。

❑ **评估** 向用户提供进度反馈和状态信息。让用户可以离开那些不能帮助实现目标的操作。

举一个关于"评估"准则的例子，ITN 的航班预定系统通过一系列的步骤向用户提供清晰的进度反馈（见图 8-7）。顺便提一下，这张图看起来是否很熟悉？如果你觉得是，那是因为你在第 4 章（见图 4-16 的下图）见过它，而且你的大脑认出了它。

图 8-7
ITN 的航班预定系统清晰地指示出用户在做预定时的进度

模式七：完成任务的主要目标之后，我们经常忘记做收尾工作

目标－执行－评估周期与短期记忆有着强烈的相互影响。这种相互影响是非常有道理的，因为短期记忆正是任一时刻我们的注意力的焦点。这焦点的一部分就是我们当前的目标，其他的注意力则被投放在获取完成目标所需的信息上。注意力随着任务的执行而转移，当前目标则随着高层的目标转移到下一层目标上，然后再回头转移到下一个高层目标上。

注意力是个非常稀缺的资源。我们的大脑不会把注意力放在一个不再重要的事情上。因此，当我们完成一个任务后，之前专注于完成这个任务的注意力将被释放，并转移到当前更重要的信息上。一旦完成了某个目标，我们就感觉与这个目标相关的所有事情经常立刻就从我们的短期记忆中"滑落"了，也就是被忘记了。

注意力转移的结果之一，就是人们经常忘记任务的收尾工作。例如，人们经常忘记做以下这些事情：

❑ 抵达目的地后，忘记把汽车的前灯关掉；
❑ 从复印机或扫描仪上拿走最后一页文档；
❑ 在用过之后把炉子和烤箱关掉；
❑ 在输入括号内的文字内容后添上闭括号；
❑ 转向后忘记关转向灯；
❑ 下飞机前把在旅途中读的书带走；
❑ 在公共场所使用电脑后注销账号；
❑ 在特殊模式下使用设备或者软件后转到普通状态。

在这些任务尾巴上的短期记忆失效，是完全可以预计到的，并且是可以避免的。当它们发生时，我们说自己"健忘"，但在缺少设备支持的情况下，我们的大脑实际上就是如此工作的。

要避免这样的失误，交互系统可以也应该设计成能对还没做彻底的事情做出提醒。某些情况下，系统甚至可以自己完成收尾工作，比如：

- ❏ 汽车在转过弯后，自动关闭转向灯；
- ❏ 在停下不用后，汽车应该（现在已经做到了）自动关闭前灯，或者至少提醒司机灯还亮着；
- ❏ 复印机和扫描仪在完成工作后，应自动退出所有文档，或者至少提醒还有一页没有被取走；
- ❏ 在没有煮任何东西而开了一定时间后，炉子应发出警报，而烤箱在其中没有任何东西时也应如此；
- ❏ 在还有未结束运行的后台程序时，例如保存文件或者传送文档到打印机，用户如果试图关闭电脑或者让电脑进入休眠模式，电脑应警告用户；
- ❏ 软件应从特殊模式自动恢复到"正常"模式，可以像某些设备那样使用设定超时的方式，或者使用弹簧式控件，它们必须手动进入非正常状态，一旦松手就会恢复到正常状态。

软件设计者应该考虑，在他们设计的系统所支撑的任务中，是否有用户可能会忘记的收尾工作。如果有，那么应该把系统设计成能够帮助用户记住、或者根本不需要用户记住。

第 9 章

识别容易，回忆很难

第 7 章介绍了长期记忆的优势和限制，以及它们对交互系统设计的影响。本章将深入讨论长期记忆的两个功能，即识别和回忆，之间的重要区别。

识别容易

经过上百万年的进化，人脑已经被"设计"得能够很快地识别出物体。相反，在没有感觉的支持下找回记忆，对生存来说一定是不重要的，因为我们的大脑一点也不善于回忆。

还记得我们的长期记忆怎么工作的吧（见第 7 章）：感觉通过我们的感官系统产生的信号在到达大脑后，激发了复杂的神经活动模式。感觉产生的神经活动模式不仅由感觉的特征决定，也由其产生的环境决定。在相似的环境下，相似的感觉产生相似的神经活动模式。对特定的神经活动模式反复地激活，能让它在将来更容易被激活。神经活动模式之间的联结随着时间发展，使得一个模式的激活能够引起另一个模式的激活。简单地说，每个神经活动模式构成不同的记忆。

神经活动模式，即记忆，能够通过两种方式激活：（1）更多从感官来的感觉；（2）其他大脑活动。如果一个感觉与之前的相似并且所处环境足够接近，就能触发一个相似的神经活动模式，从而产生认识的感觉。在核心上，识别就是感觉与长期记忆的协同工作。

因此，我们能够很快地评估情况。我们在东非大草原上的远祖只有一两秒的时间来判断草丛中出现的动物是他们的食物还是会把他们当做食物（见图 9-1）。他们的生存依赖这样的能力。

类似地，人们能够非常快地识别人脸，通常在几分之一秒内（见图 9-2）。直到不久前，这个过程背后的原理还是个谜。科学家此前假设，识别的过程是，被识别的脸存储在一个独立的短期记忆里，并与长期记忆里的人脸进行比较。大脑识别人脸的速度如此之快，因此认知科学家认为大脑一定是对长期记忆的许多部分同时进行搜索，用计算机科学家的术语就是"并行处理"。然而，即使是大规模并行搜索，也无法达到人脸识别的惊人速度。

图 9-1
早期人类必须能够非常快地分辨出发现的动物是食物还是捕食者

图 9-2
你需要多长时间来认出这两张脸[1]？

现在，感知和长期记忆已经被认为是紧密联系的，这就多少解开了人脸识别速度之谜。一张被感知到的脸触发了百万个神经元的不同模式。组成这些模式的各个神经元和神经元组对具体的脸部特征和脸部所处环境做出反应。不同的脸触发不同的神经元反应模式。如果一张脸曾经见过，它所对应的神经活动模式就已经被激活过。同样的一张脸再次被感觉到后会重新激活同样的神经活动模式，现在只会比之前更容易识别。这就是识别。这就没有到长期记忆里搜索的必要了：新的感觉或多或少地重新激活了之前感觉产生的同样模式的神经活动。一个模式的再次激活就是其对应的长期记忆的再次激活。

---

① 足球明星梅西和 C 罗。——编者注

　　套用计算机术语，我们可以说人类长期记忆中的信息是通过内容来寻址的，但"寻址"这个词错误地暗示了每个记忆都处于大脑的某个具体位置。实际上，每个记忆对应的是一个散布于大脑很大区域内的神经活动的模式。

　　这也就解释了这个现象：当展示给我们从未见过的脸并问看起来是否熟悉时，我们不需要花多长时间搜索记忆，试着找出这张脸是否被存储在某个地方（见图 9-3）。这里没有搜索。一张新的脸孔触发的一个之前没有被触发过的神经活动模式，也就没有识别结果的感觉。当然，一张新的脸孔可能与我们曾经见过的某张脸非常相似而导致错误的识别，或者足够相似到这张新面孔触发的神经活动模式激活了一个类似的模式，让我们产生了回忆起某个我们认识的人的感觉。

图 9-3
你需要多长时间来判断你不认识这两张脸[1]？

　　人脸识别是一种特殊的识别模式，这是个有趣的现象，它在大脑中有着自己精妙的机制，随着人类的进化而固定下来，所以我们根本不需要去学习如何识别人脸（Eagleman，2012）。

　　视觉系统也存在类似的机制，能够快速地识别复杂的样式，与人脸识别不同的是，这种能力很大程度上取决于相关经验，并非与生俱来。任何接受过高中教育的人都能够很快地识别出一张欧洲地图和一副棋盘（见图 9-4）。研究象棋历史的象棋大师们可能还能识别出 1986 年卡斯帕罗夫与卡尔波夫的对局。

―――――――――

　　[1] George Washington Carver（美国科学家、教育家和发明家）和一张男性平均脸孔（FaceRearch.org）。

图 9-4

人类可以很快地识别复杂的图形

回忆很难

与识别相反，回忆是在没有直接类似感觉输入时，长期记忆对神经模式的重新激活。这要比用相同或者接近的感觉去激活要困难得多。人们能够回忆，因此显然能够从其他模式的神经活动或者大脑其他区域的输入去重新激活对应某个记忆的神经活动模式。然而，回忆所要求的协调与时间提高了激活错误模式或者只有部分正确模式被激活的可能性，从而导致无法回忆。

不论在进化上的原因是什么，我们的大脑确实没有进化出回忆事实的能力。许多学童不喜欢历史课，因为历史课要求他们记住事实，例如英国大宪章是哪一年签署的、阿根廷的首都是哪座城市以及美国所有州的名字。他们不喜欢这些并不奇怪，人脑是不适合担任这样的任务的。

因为人们不善于回忆，所以开发了许多方法和技术来帮助自己记住事实和步骤（见第 7章）。古希腊的演讲者采用"轨迹法"来记住长篇大论中的要点。他们想象有一座庞大的建筑或者广场，心中想象在那里的不同地方放置他们演讲的要点。在演讲时，他们在心中依次"走"过这些地方，在经过时"捡起"被放在那个位置的要点。

如今，相对于内部方法，我们更多地依靠外部的帮助。当今的演讲者们将他们的要点记录在纸上，或者将它们显示在投影仪或演讲软件中。商家用账本记录他们拥有的资金、欠款或者债权。我们通过通信簿来记住亲朋好友的联系方式，用日历和闹钟来记住约会、生日、纪念日和其他事件。电子日历最适合用来记住约会，因为它们能够主动提醒我们，不需要我们记得去主动查看。

识别与回忆对用户界面设计的影响

相对回忆，我们能够更轻松地进行识别，这是图形用户界面（GUI）的基础（Johnson 等，1989）。GUI 基于下面两个著名的用户界面设计规则。

❑ **看到和选择比回忆和输入要容易**　对用户显示可选项并让他们从中选择，而不是强迫用户回忆出他们的选项再告诉电脑。这个规则是 GUI 能够在个人电脑中几乎完全替代命令行用户界面（CLI）的原因（见图 9-5）。"识别胜于回忆"是 Nielsen & Molich（1990）在用户界面评估上被广泛采用的经验之一。相对地，使用语言来控制应用软件有时能比 GUI 具有更强的表达力和更高的效率。因此回忆和输入仍然是一个有用的手段，特别在用户能够轻松记起输入什么的情况下，比如在搜索框里输入关键词。

图 9-5
当今 GUI 的主要设计规则："看到并选择要比回忆和输入更容易。"

❑ **尽可能使用图像来表达功能**　人们能够快速识别图像，而且对图像的识别也触发了对相关信息的回忆。因此，当今的用户界面经常使用图像来表达功能（见图 9-6 和图 9-7），比如桌面或者工具栏上的图标、错误符号和图形化的选项。能够从身边现实世界中识别的图像很有用，因为不需要学习，人们就能够识别它们。只要它们所代表的熟悉意义与电脑系统中的对应的含义能够匹配上，就能被很好地识别（Johnson，1987）。然而，使用与现实世界中相似的图形并不是绝对关键的。只要图形设计得够好，电脑用户能够学会将新的图标和符号与它们所代表的意义联系起来。可以记住的图标和符号能够对它们代表的意义做出提示，能与其他图标和符号区别开来，并且即使在不同的应用中也能一致地表达同样的含义。

图 9-6
使用现实世界中的对象或者经验的类比，桌面图标通过识别来传达功能

图 9-7
Wordpress.com 使用辅以文字的符号标记出功能性页面

在 20 世纪 70 年代中发展起来的 GUI，在几十年前（20 世纪 80 年代到 90 年代）就得到了广泛的使用。在那之后，更多基于人类认知，特别是识别与回忆的设计规则被提出来。本章接下来介绍其中的一些新规则。

使用缩略图来紧凑地描绘全尺寸的图像

识别对象和事件对展示时所用的尺寸并不敏感，我们毕竟必须要在不同距离下都能够识别对象。重要的是特征：只要大部分同样的特征在新图像和原始图像中都出现了，新的感知就会触发同样的神经活动模式，从而产生识别。

因此，一个向人们展示他们见过的图片的非常好的显示方式就是使用小的缩略图，对一张图越熟悉，能识别出的缩略图就可以越小。显示缩略图而不是全尺寸的图形能让人们一次看到更多的选项、数据和历史等信息。

照片管理和演讲辅助软件使用缩略图向用户展示他们的照片和演示页面的全貌（见图 9-8）。网页浏览器使用缩略图向用户显示他们最近访问过的页面（见图 9-9）。

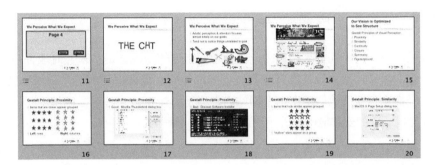

图 9-8

微软公司的 PowerPoint 能够将演讲页面以缩略图方式显示，在可识别的基础上提供了演讲页面的全貌

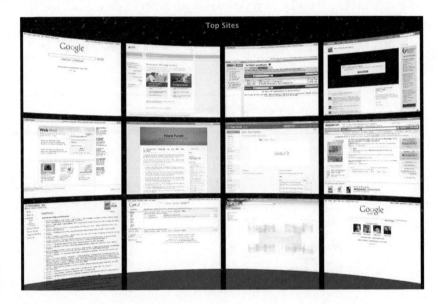

图 9-9

为了提供快速的识别和选择，苹果公司的 Safari 浏览器将最近访问的页面以缩略图方式显示

越多人使用的功能，应该越可见

基于之前描述的原因，回忆经常失败。如果一个软件隐藏了它的功能并要求用户回忆如何操作，部分用户就无法使用它。如果这个软件有许多用户，即使无法使用的用户所占百分比很小，加起来也是相当大的数字了。软件设计者们显然不希望有相当多的用户无法使用他们的产品。

解决方案是让许多人需要的功能高度可见，用户就能看到并识别出可有的选择而不是必须去回忆它们在哪儿。相反，少数特别是充分训练的人才会使用的功能，可以隐藏起来，比如放在"详细"面板、右击菜单中，或者通过特殊的键盘组合操作才显示出来。

使用视觉提示让用户知道他们所处的位置

视觉识别是快速且可靠的，因此设计者们可以使用视觉提示来实时地告知用户他们当前所处的位置。例如，网页设计的常见规则要求网站所有页面都应有一个通用的特定的视觉风格，让人们轻松地判断出他们是在这个网站内，还是已经在访问另一个网站了。一个网站在视觉风格上细微但系统的变化能够告诉用户他们当前在网站的哪个部分。

一些桌面操作系统允许用户搭建多个桌面（"房间"或者"工作空间"）作为不同类型工作的位置。为了方便识别，每个桌面都有其自己的背景图片。

一些企业网站使用图片向用户确认他们在一个安全网站里。用户先选择一张图片作为个人账号的图标，在通过 cookie 识别出用户或者在用户输入合法登录账号但还未输入密码时，网站显示出该用户选择的图标（见图 9-10）。这让用户知道他们的确是在真正的公司网站上而不是一个虚假的钓鱼网站上。

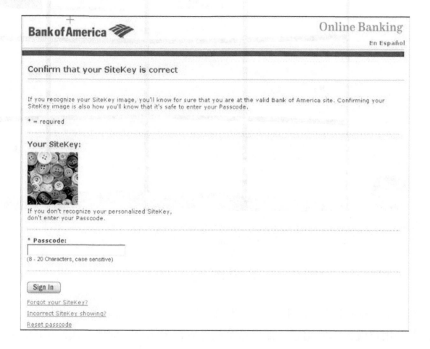

图 9-10
BankOfAmerica.com 向识别出的用户显示他们自己选择的账户图标（SiteKey），以此来确认他们访问的的确是银行的真实网站

让认证信息容易回忆

人们知道，自己很难回忆出任意的事实、单词以及字母或者数字的序列。这就是为什么他们经常将密码和安全问题的答案记录在方便获取的地方，但这并不安全。他们或者会将孩子姓名的首字母、他们的生日、街道地址以及其他他们知道自己能够回忆出的信息作为密码。不幸的是，这样的密码太容易被其他人猜到了（Schrage，2005）。设计者们该如何帮助用户避免这样不安全的行为呢？

一开始，我们至少可以让用户在回忆登录信息时容易些，而不是像在第 7 章里提到的系统那样，强加繁重的密码限制或者提供有限的安全问题选项。

我们可以让用户自由地选择他们能够记住的密码，能够记住的安全问题和正确的答案。我们也可以让用户自己提供密码提示，假设用户能在系统显示它时作为回忆密码的帮助，而同时又不将密码泄露给第三方。

不需要用户回忆认证数据的认证方式看起来是个解决办法。生物识别的认证方式，比如虹膜扫描、数字指纹扫描和语音识别就属于这个类型。然而，许多人将它们视为对隐私的威胁，因为这些方式要求采集和存储个人的生物识别数据，也就有信息泄露和滥用的可能。因此，虽然生物识别认证不增加用户记忆的负担，但要做到被广泛接受，其实现方式必须达到严格的隐私保护要求。

第 10 章

从经验中学习与学后付诸实践容易，解决问题和计算很难

从前一章中对识别与回忆的比较中可以看到，人类大脑擅长某些事情而不擅长另一些。在本章中，我们将对大脑的更多功能进行比较，来看看其中哪些做得较好，以及如何有针对性地设计计算机系统。首先，让我们再多了解一下大脑和思维。

我们有三个"脑"

我们其实有三个"脑"，或者应该说，有一个由三大部分组成的大脑，分别影响我们的思维和行为的不同方面（Weinschenk，2009）。

□ **旧脑** 主要是脑干，即脊髓进入大脑底部的地方。随着最初的鱼类进化出现，脑干就出现了（鱼类出现之前的昆虫和软体动物没有通常意义上的大脑）。旧脑将所有东西分成三类：可以吃的、危险的以及性感的。它也负责调节身体的自动功能，例如消化、呼吸和反射活动。爬行动物、两栖动物和大部分的鱼类只有旧脑。

□ **中脑** 大脑的这部分在两层意义上被称作"中脑"：（1）物理上，它居于旧脑之上和大脑皮层之下；（2）在进化的顺序上，它在旧脑之后和新脑之前。中脑控制着情绪，对事物产生愉悦、难过、害怕、竞争意识、忧虑和愤怒等。鸟类[①]和低等哺乳动物只有旧脑和中脑。

□ **新脑** 这部分主要由大脑皮层组成。它控制着有目的、有意识的活动，包括制作计划等。大部分的哺乳动物在旧脑和中脑之外还有新脑，但只有小部分高度进化的哺乳动物，如大象、海豚、鲸以及猴子、猿人和人类，才拥有相当大的新脑。

[①] 鸦科动物（渡鸦、乌鸦和喜鹊）和几种鹦鹉（比如新西兰鹦鹉）虽然没有大脑皮层，但它们的大脑比其他鸟类的要大。它们经常展示出与大象、海豚和猿猴同等的智能。在这些鸟类中，大脑的其他部分显然提供了大脑皮层对哺乳动物起的作用。

我们有两种思维

最近，认知心理学家经常把中脑和旧脑的功能归为一类，区别于新脑的功能。他们认为人类的思维由两个截然不同的部分组成：主要在旧脑和中脑中运行的无意识、自动思维，以及主要在新脑中运行的有意识、受控思维。心理学家通常认为潜意识的无意识思维是*系统一*，因为它是首先进化出来的，是感知和行为的主要控制器。有意识的受控思维属于*系统二*，因为它是后来才进化出来的，在控制人类的认知和行为方面处于次要地位（Kahneman，2011）。一些科学家更愿意将这两者分别称为*感性思维*和*理性思维*（Eagleman，2012）。

关于有意识的、理性的受控思维（系统二），有个值得关注的事实：它就是人之为人的部分，因为其包含着人们的意识和自我感知。系统二认为自己主导着人们的行为，因为它是两种思维中唯一有意识的部分。但实际情况是，系统二很少占主导地位（Kahneman，2011；Eagleman，2012）。

系统一（无意识的、习惯性的、情绪化思维）比系统二的运行速度快 10 到 100 倍，但因为这一速度凭借着直觉、猜测和捷径式的运行而来，所以其处理所有事物得到的都是近似值。请思考下面的数学问题（改编自 Kahneman，2011）。

一个棒球和一个球棒共计 110 美元。球棒比球贵 100 美元。棒球值多少钱？

很可能出现的情况是，系统一立刻向你（即系统二）给出了答案：10 美元。系统二有可能接受这一答案。也可能经过片刻的思考之后，拒绝接受这一答案。如果棒球值 10 美元，球棒比它贵 100 美元（也就是 110 美元），一共就是 120 美元了。但事实是两者一共 110 美元，所以棒球不可能是 10 美元。正确的答案是 5 美元。系统二能得出这一结论，而系统一不能。

系统一很容易被误导。第 1 章中描述的感知被影响就是系统一受到了影响。请看图 10-1，系统一认为，沿着右上方的方向（也就是系统一中所认为的"后方"），图中的狗越来越大，但实际上，这些狗是一样大的。即便系统二知道这一点，也很难战胜系统一从而得到正确的认知。

系统一还有其他几个特征。

☐ 当遇到解决不了的问题时，系统一会拿更容易的问题进行替代，然后进行解决。例如，在准确回答"芦笋受欢迎吗"时，需要系统二的介入，去进行调查或查找并阅读一些调查结果再来回答，这些都需要时间和精力。系统一会把这个问题变成"我喜欢芦笋吗"，然后迅速给出答案。

❏ 系统一只根据自己所感知到的东西做判断，并不在意那些可能存在的更为重要的（和潜意识中的信息相冲突的）信息。系统一认为，如果没有感知到这类资料，那么它就是不存在的。

❏ 系统一基于目的和系统二给予的信条对感知到的东西进行过滤：所以在到达系统二之前，与所感知到的信息不匹配的会被过滤掉。

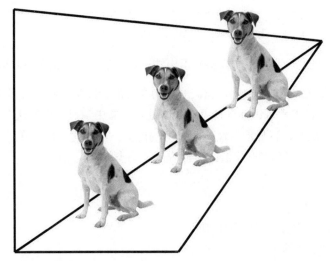

图 10-1
图中的三只狗一样大，汇聚线误导了系统一，认为这些狗处于三维空间之中，一个比一个大

每个人的思维都既包括系统一，也包括系统二。但系统二通常比较懒，它会接受系统一快速做出的估计和决策，即便这些估计和决策通常都不准确。为什么会这样呢？因为系统一的感知和决策非常快，在大部分情况下也足以让我们了解清楚对象。另外，系统二的运行需要意识和脑力，而系统一的运行则经常在后台，不需要有意为之。

那为什么我们还需要系统二呢？与其他动物一样，人类的行为也主要靠无意识进程[①]，即系统一的驱动。但"全自动"的大脑非常死板：它不会在行动过程中转换目标，或者在情况快速变动时迅速调整应对措施。为了解决这一问题，人类，或许还有一小部分其他动物，也有一个小的意识"CEO"进程，它能够监督和指导系统一的运行。一般我们不需要它，所以它处于"休眠"状态。但在需要的时候，它会被唤醒，然后尝试执行自己的控制权利，但并不一定会成功。

我们什么时候需要系统二呢？以下这些情况需要系统二的介入：当我们的目标是把某些事情做得绝对正确，而不是一般正确的时候；当系统一无法识别对象，因此无法给出自动反应的时候；当系统一给出了多个相互冲突的反应，并且没有快捷解决方式的时候。

① 大脑研究人员 David Eagleman 称之为僵尸或机器人进程。

因为系统一是人类感知和行为的主要控制器，而系统二只在需要的时候介入，所以我们的思维做不到完全的理性和清醒（其实大部分时候都是不理性且无意识的）。当我们进行感知（一个物体或事件）时，这两种思维的反应促成了我们的思想和行为。由于系统一比系统二反应快，所以我们经常会在自己（即系统二）有意识地做出决定之前，或者甚至在意识到自己需要做出什么行为之前，根据系统一的反应做出行为。

从经验中学习（通常）是容易的

人们善于从具体的经验和观察中概括并得出结论，生活中我们就在不断地概括总结。

同识别与回忆的神经学基础相比，我们对行为学习的神经学基础了解得还不够深入（Liang等，2007）。然而，人们经常意识不到自己在不断地从经验中学习。根据这个事实，我们可以假定人类大脑进化出了快速、容易地从经验中学习的能力，因为这个能力在进化上具有优势。因此，大部分人在有了足够多的经验之后，能够容易学到类似这些教训：

- ❏ 远离豹子；
- ❏ 不要吃有异味的食物；
- ❏ 冰淇淋很好吃，但天热时融化得很快；
- ❏ 等上一天后再回复那些让你生气的邮件；
- ❏ 不要打开来自陌生人的邮件中的附件；
- ❏ LinkedIn 这个网站很有用，但 Facebook 这个网站完全就是浪费时间（或者根据你的喜好，正好相反）。

实际上，从经验中学习，然后相应地调整我们的行为时，并不需要有意去学习和适应。在系统二不介入的情况下，系统一也可以独立胜任。

比如，想象你在一家赌场，玩两个邻接的老虎机。在你不知情的情况下，机器被动了手脚，其中一台机器掉出硬币的频率稍高。在玩了上百次后，你可能能够发现那台“好”机器。这就是系统二在发出信号。但如果测量你的皮肤电反应（GSR，一种对焦虑感的测量方法），只要玩几次，就可以观察到你的系统一已经发现了那台“坏”机器：每当伸手去玩此机器，你的皮肤导电量就猛增。系统一甚至可能让你开始避开那台“坏”机器，除非被你那依然毫无头绪的系统二强制干预。

然而，我们从经验中学习的能力并不完美，这有几个原因。第一，对复杂的情况，比如涉及很多可变因素或者受许多难以预料的外界因素影响，人们很难做出预测，或者从中学习并概括。例如：

- □ 有经验的股票投资者仍然不确定现在该买或卖掉哪些股票；
- □ 在丹佛市生活多年的人们仍然无法预计那儿的天气变化；
- □ 虽然在不同场合下你与你妹妹的男朋友沟通过几次，但你还不能确定他到底是不是个好人。

第二，从自己生活中或者亲人好友们那里获得的经验要比那些读到的或者听到的经验对我们更有影响力。例如，我们可能读到或者听过报道、消费者的评价以及统计数据指出丰田 Prius 是一款好车，但如果姐姐或者叔叔曾经有过关于它的不好经验，我们对这种车或许就有了负面的评价。我们这么做是因为我们的中脑认为家庭成员与自己更相似，也就比其他成千上万不知名的消费者更可信，虽然从理性的角度看，统计数据要可靠得多（Weinschenk，2009；Kahneman，2011；Eagleman，2012）。

第三，当人们犯了错后，并不总能学到正确的教训。当发现自己处于一个糟糕的处境时，他们并不能很好地记起最近的行为从而将自己当前的处境与真正的原因联系起来。人们从经验中学习的第四个问题是他们经常过度概括，即片面地总结。例如，许多人因为见过的乌鸦都是黑的就想当然地认为乌鸦都是黑的。实际上存在不是黑色的乌鸦（见图 10-2）。

图 10-2
"天下乌鸦一般黑"这个常识是错的。A 图：非洲杂色乌鸦（摄影：Thomas Schoch）。B 图：白色（非白化病的）乌鸦，俄亥俄州

然而，也可以说过度概括并不是问题，而是个优点。几乎没有人能够见到某件事物所有可能的例子。例如：一个人不可能见过所有的乌鸦，但在日常生活中（虽然在科学研究中不是），他见过的乌鸦多到足以认为所有乌鸦都是黑的，这样的假设还是有用的。因此，过度概括看起来是对现实世界的必要的适应。我们让自己因过度概括而陷入麻烦的首要原因是用极端方式进行过度概括，例如基于一个例子或者非典型例子就做出概括。

从经验中学习的能力有着漫长的进化史。要做到这点，一个生物并不需要有大脑皮层（即新脑）。旧脑和中脑就能从经验中学习。即使是昆虫、软体动物和蠕虫，连旧脑都没有，仅靠几

个神经元簇就能从经验中学习。然而，只有拥有了大脑皮层或者具备类似功能[①]的大脑结构的生物才能够从其他生物的经验中学习。要想意识到自己是从经验中学习，大脑皮层就肯定是必需的。只有拥有最大（相对于身体大小）新脑的生物（这可能仅限于人类），才能够准确地表达出他们从经验中学到了什么。

总结：虽然我们从第一手经验以及从他人的经验中能学到的东西是有限的，但毕竟从经验中学习并概括对人类的心智来说还是相对容易的。

执行已经学会的动作是容易的

当我们到了一个之前去过很多次的地方，或者做一件已经做过很多次的事情时，我们的行为几乎是无意识的，不需要多少主动意识。路线、例行动作、操作程序都成为半无意识或者全无意识的。以下便是一些例子：

- ❑ 骑很多年自行车；
- ❑ 第三百次从车库倒车后驱车上班；
- ❑ 成年人刷牙；
- ❑ 用乐器演奏一首已经练习了上百次的曲子；
- ❑ 经过几天的练习后，使用鼠标或者触摸板去移动屏幕上的光标；
- ❑ 用熟悉的银行账户管理软件输入一笔交易；
- ❑ 在长期使用的移动电话上阅读并删除一条短信。

实际上，"无意识的"被认知心理学家用来表达例行动作和熟练掌握的行为（Schneider & Shiffrin，1977）。研究者们已经确定，执行这些动作消耗很少甚至不消耗主动意识的认知资源，也就是说并不受第 7 章所描述的注意力和短期记忆的限制。

无意识的活动甚至能够与其他活动并行处理。这就是为什么你能够在打鸡蛋时，一边哼一首熟悉的歌曲，一边用脚打着拍子，同时能够自如地看着孩子，或者计划将要开始的假期。

一个活动是怎么成为无意识的？就像为了能去卡内基音乐大厅一样（就像那个老笑话说的）：训练、训练，还是训练。

执行新动作很难

当一个人第一次尝试开车，特别是手动档的车时，每一步骤都要全神贯注。我挂到正确的

[①] 这个例外的原因是，一些鸟类能够从观察其他鸟类中学习。

档位了吗？该用哪只脚踩油门、刹车和离合器？这几个脚踏分别该用多大的力气踩？我现在踩离合器的力度有多大？现在该朝哪个方向开？前面、后面和两边都有什么？该从后视镜看哪个方向？我要去的那条街出现了吗？"后视镜里的物体实际上比看起来更近些"是什么意思？仪表盘上那个闪着的灯是什么？

当开车时所涉及的所有东西都是有意识的时，要对它们面面俱到就远远超过了我们注意力能够承受的范围，还记得范围是 4±2 吗？（见第 7 章。）还在学习驾车的人经常感到招架不住。这就是为什么他们经常在停车场、乡下和安静的住宅区练习，这些地方的车很少，能够减少他们不得不注意的东西。

经过大量的练习之后，驾车所要求的动作都成为无意识的了。它们不再争抢注意力，也从有意识中减弱了。我们甚至可能无法完全意识到自己在做这些动作，比如你用哪只脚踩的油门？要记起来，你可能不得不稍微动动你的脚。

类似地，当音乐老师在教学生演奏乐器时，不会要求学生注意和控制演奏中的每一个方面，因为那很容易超出学生们的注意范围。相反，老师要求学生将注意力仅仅专注于演奏的一两个方面：正确的音调、节奏、音色或者节拍。只有在学生掌握了不去想就能演奏的某些方面之后，老师才会要求他们在同时掌握其他更多方面。

要演示所需要的有意识的注意力在熟练掌握的（无意识的）与新的（受控的）任务中的差别，试试这些。

- ❑ 背诵从 A 到 M 的所有字母，再背诵从 M 到 A 的所有字母。
- ❑ 从 10 倒数到 0（想象火箭发射），然后再倒数从 21 到 1 的奇数。
- ❑ 走平时常走的路线开车上班，第二天走另一条不熟悉的路线。
- ❑ 哼《小星星》这首歌第一句的调子，再倒过来哼。
- ❑ 用标准 12 键的电话号盘输入你的电话号码，再用电脑键盘顶部的一排数字键输入一次。
- ❑ 用电脑键盘输入你的全名，再交叉着双手在键盘上输入一次（其实我想建议双手交叉骑自行车，但这太危险了，就不建议了）。

现实中大部分的任务由无意识的和受控的部分组合而成。沿着日常路线开车上班几乎是无意识的，这使你能关注新闻广播或者考虑晚饭的安排，但如果旁边一辆车做出意外动作或者一个孩子出现在前方路面上，你的注意力就会被猛然拉回到开车的任务上。

类似地，当用你日常的邮件客户端程序查收邮件时，读取邮件的动作是经常性的也几乎是无意识的，阅读文字是熟练和无意识的，但每一封刚刚收到的新邮件的内容是新的，就要求你有意识地参与。如果在度假时你去了一家网吧，使用不熟悉的电脑、操作系统或者邮件客户端查收邮件，这时能够无意识进行的操作很少，于是就要求你进行更多的有意识的思考，花更多的时间，也更容易出错。

当人们想要把更多事情做完时（而不是挑战自己的脑力），为了节省时间和脑力，也为了减少犯错的机会，他们倾向用那些无意识的或者至少半无意识的方法。如果你赶时间去学校接孩子，即使邻居昨天告诉过你另外一条更快的路线，你还是会走自己平时常走的路线。记得可用性测试的测试员曾说过的（在第 8 章中提到过）：

我赶时间，所以我走了远路。

一个交互系统的设计者该如何将任务设计得更快、更容易和更少出错呢？答案就是，把任务的操作设计得能够很快被无意识思维掌握。那又如何做到这一点呢？第 11 章介绍了一些方法。

解决问题和计算是困难的

爬行动物、两栖动物和大部分鸟类仅靠着旧脑和中脑就能在它们的世界里很好地生存下来[①]。昆虫、蜘蛛和软体动物靠着更少的大脑部分也在各自的环境中生存了下来。没有大脑皮层（或者提供类似功能的脑区，比如一些鸟类拥有的）的动物可以从经验中学习，但通常要通过大量的经验，且只能学会对行为做很小的调整。它们的大部分行为是定型的、重复的，而且一旦了解了它们对环境的要求，它们的行为也是可预测的（Simon，1969）。当环境的要求仅仅是它们已经掌握了的无意识行为时，它们就能很好地生存。

但如果环境在它们毫无防备之时发生变化，要求掌握新的行为，并且要求立刻掌握呢？如果一个生物面对它从来没有遭遇过而且可能不会再遇到的情况呢？简短地说，面对问题怎么办？这时，如果没有大脑皮层，也没有可提供类似功能的脑区，生物就无法适应环境。

拥有大脑皮层（新脑）能够让生物不再完全依赖于本能的、被动反应的、无意识的和熟练的行为。大脑皮层是有意识地进行推理的地方（Monti，Osheron，Martinez & Parsons，2007）。总的来说，一个生物的大脑皮层相对其大脑之外的身体的比例越大，它的下列能力就越强：推理和分析即时情况、计划或者寻找策略和步骤去应对这些情况、执行策略和步骤并且监控进展。

用计算机术语来说就是：大脑皮层给了我们为自己即时创造程序的能力，并能在仿真的、高度监控的，而不是编译了的或者原生的模式下运行这些程序。从本质上讲，在按照菜谱做菜、玩桥牌、计算收入所得税、按照软件使用手册的指令执行操作，或者排查玩电脑游戏时不出声的问题时，我们所做的就是这些。

---

① 例如，火蜥蜴会选择装了 4 只而不是装了 2 只或者 3 只果蝇的罐子（Sohn，2003）。

新脑也充当了冲动行为的刹车器

新脑，尤其是前额叶，也起着对反射和冲动行为的抑制作用，这些来自中脑和旧脑的冲动行为会干扰新脑仔细规划出的计划的执行（Sapolsky, 2002）。在一位带着异味的人进入地铁车厢时，新脑能阻止我们跳起来并逃离车厢，因为我们毕竟要准时上班打卡。新脑也能让我们在古典音乐会上安静地坐在位子上，在摇滚演唱会上站着尖叫和呐喊。新脑帮助避免我们打架（通常），它阻止我们出手买那辆红色运动跑车，因为维护婚姻的优先级比拥有那辆车的优先级更高。当旧脑和中脑被一封写着"一个价值 1250 万美元的商业机会"的邮件所诱惑时，新脑能够阻止我们点击那封邮件，并告诉我们："这是一封钓鱼邮件，你懂的。"

虽然拥有较大的新脑让我们能够灵活地在短时间内处理问题，但这种灵活性也有代价。从经验中学习与执行熟练掌握的动作很容易，这是因为它们不要求不间断的主动意识或者专注的注意力，也是因为它们能够并行进行。相对地，受控的处理，包括解决问题与计算，需要专注的注意力和不间断的有意识监控，并且相对较慢地顺序进行（Schneider & Shiffrin, 1977）。这对我们的短期记忆是一个挑战，因为执行指定步骤所需的所有信息块会竞相争夺稀少的注意力资源。这就要求进行有意识的思维，就如要求你从 M 到 A 倒序背诵字母表。

用计算机术语来说，人脑只有一个顺序处理器用以在仿真模式下执行受控进程。这个处理器的临时存储容量非常有限，并且速度要比大脑高度并行和编译的自动处理过程慢一到两个数量级。

现代人是从 20 万 ~50 万年前的原始人类进化来的，但直到公元前 3400 年左右，人们才在美索不达米亚（现今的伊拉克）发明了数字与数值计算，并开始在交易中使用。那时候，人类大脑基本与今天人类的大脑一样了。既然人类大脑在数值计算出现之前就已完成进化，也就不可能是为计算而优化的了。

计算主要发生在大脑的受控的模式下，它消耗注意力和短期记忆的稀缺资源，因此当我们尝试完全只在大脑中进行计算时，我们就遇到了问题。例外的是，一些计算步骤可以被记住，因此是无意识的，比如，对 479×832 的计算的整个过程是受控的，但如果我们能记住一位数的乘法表，那么其中一些步骤也可以是无意识的。

对于有些问题和计算，大部分人还是可以在脑子里进行处理的。比如有些问题和计算仅需要一两步就能解决，或者一些解答步骤是可以记住的（无意识的），或者不需要太多信息，又或者有些问题能及时获得所有需要的信息（不需要保留在短期记忆中）。举例如下。

- 9×10= ?
- 需要把洗衣机从车库里移出来，可是车挡了道，车钥匙放在衣服口袋里，该怎么办？
- 我的女友有两个弟弟，鲍勃和弗雷德。我见过弗雷德，但现在面前的这位不是弗雷德，所以他一定是鲍勃。

然而，当问题的要求超出了短期记忆，或者要求必须从长期记忆里提取一些信息，或者在此期间受到了打扰，脑的负荷就增加了。举例如下。

- 需要把洗衣机移出车库，可是车挡了道，而我的车钥匙在……哦……不在我的口袋里，它在哪？……（搜索车内）也不在车里。也许放到了夹克口袋里了……可是夹克放哪去了？（在房子里找夹克，最后在卧室里找到了。）好了，找到车钥匙了。……天呐，卧室可够乱的，得在老婆回来前清理好……哦，等等，我为什么要车钥匙？（返回车库，看到了洗衣机。）哦，对了，把车移开好把洗衣机移出车库。（高层的任务被间接任务推挤出了短期记忆。）
- 第 8 章给了一些任务的例子，其中人们在完成主要目标后必须记得做完所有的收尾工作，例如，达到目的地后记得把车前灯关掉，或者复印后记得把最后一页纸从复印机中取出。
- 约翰的猫不是黑色的，喜欢牛奶。苏的猫不是棕色的，不喜欢牛奶。山姆的猫不是白色的，也不喜欢牛奶。玛丽的猫不是黄色的，喜欢牛奶。有人发现了一只黄色的喜欢牛奶的猫。这会是谁的？[①]（否定句式创造了更多的信息块，大部分人的短期记忆一次没法装下那么多。）
- 某人搭建了一栋有四面的房子。所有四面墙都朝南。一只熊经过。熊是什么颜色的？（需要推导，并且需要知道和获取具体的关于世界与野生动物的一些事实。）
- 如果 5 个工厂工人组装 5 辆车需要 5 个小时，那么 100 个工人组装 100 辆车需要多少时间？（系统一会很快猜出一个系统二倾向接受的答案，但找到正确答案需要拒绝猜测，并让系统二介入。）
- 弗雷德喜欢古典车，他不在乎是否环保，但希望降低耗油量。他把凯迪拉克（每加仑 12 英里）换成了雪佛兰（每加仑 14 英里）。苏珊是个环保活动者。她决定将自己的本田 Fit（每加仑 30 英里）换成丰田 Prius（每加仑 40 英里）。如果他们第二年各自驾驶 10 000 英里，谁省的汽油最多？（与上一个问题一样。）
- 你要精确地量出 4L 水，但只有一个 3L 的和一个 5L 的瓶子。如何做到？（需要在头脑中模拟一系列的倒水动作直到找出正确的步骤，这就对短期记忆造成压力，甚至超出了脑的模拟能力。）

解决问题时，人们经常使用外部记忆作为辅助，例如记下中间的计算结果、画草图和摆弄

---

① 答案在本章末提供。

问题的模型。这些工具增强了我们有限的短期记忆和摆弄问题中元素的想象能力。

如果我们不知道或者无法获得需要的认知策略、解决方法或者步骤，解决问题和计算就会很难。举例如下。

- ❑ 93.3×102.1=?（超出短期记忆能力的算术计算，因此必须用纸笔完成，那样只需要知道如何进行多位数乘法就够了。）

- ❑ 一位农夫养了一些奶牛和鸡，一共 30 只。这些动物一共有 74 条腿。这个农夫有多少头牛和多少只鸡？（需要将问题转换为两个代数等式然后解决。）

- ❑ 一位禅师将三个学生的眼睛蒙上后，说将在他们额头上画上一个红点或者蓝点。实际上，他在每个学生额头上都点上了红点。然后他说：“一分钟后我将你们眼前的布取下来，你们互相看对方的额头，如果发现至少一个红点，就举起手来并猜自己额头上是什么颜色的点。”接下来他拿下了学生们蒙眼睛的布。三个学生互相看了对方的额头后，都举起了手。一分钟后，一个学生说：“我额头上的是红点。”他是怎么知道的？（这需要通过反证法的推导，这是在逻辑与数学课上学到的特殊推导方法。）

- ❑ 你在电脑上播放一个 YouTube 上的视频，但没有听到声音，而画面上的角色在对话。是视频、播放器、你的电脑、音箱的接线还是音箱出了问题？（这需要设计并操作一系列的诊断测试来逐步缩小问题的可能原因，这就要求电脑和电器领域的知识。）

这些虚拟的例子表明一些问题和计算需要平常人所没有的训练。附注栏给出了三个真实的例子，展示了人们因为缺少技术领域有效诊断的训练以及学习兴趣，而无法解决技术问题。

解决技术问题需要对技术感兴趣并经受训练

软件工程师经过训练，来对问题进行系统的诊断。他们的工作之一，是设计和操作一系列测试去排除造成故障的可能原因，直到发现真实的问题。工程师们经常在设计基于技术的产品时，假定产品的目标用户在诊断故障方面拥有与工程师一样的技能。然而大部分不是软件工程师的人没有经过问题诊断的训练，因此就无法有效地执行相关操作。在以下真实的例子中，非技术人员就面对着他们无法单独解决的问题。

- ❑ 安娜想预定航班，但航空公司的网站却不让她预定。网站要求她输入一个她没有的密码。她给一位电脑工程师朋友打电话寻求帮助，这个朋友问了她几个有关当前处境的问题，才发现这个网站以为她是她的丈夫，因为他曾经用现在这台电脑访问过这家航空公司的网站，于是网站要求他的用户名和密码。丈夫出差在外，而安娜也不知道他的密码。于是她的工程师朋友告诉她从网站上注销后，重新访问并创建一个自己的账号。

❑ 旧金山的 Freecycle 网络有一个雅虎讨论组。一些人试图加入，但发现因为无法完成注册流程，而无法加入。因此他们无法参与讨论组的讨论。

❑ 在教堂里，台上两个监听音箱中的一个不响了。音乐总监助理认为是监听音箱坏了，并准备换个好的。有位音乐家是一名工程师，他怀疑监听音箱并没有坏，于是把音箱端的音频线对换了一下。现在"坏"的音箱工作了，而"好"的音箱不响了，这说明不是音箱坏了。音乐总监助理就认为是有一根音频线坏了，并说打算买条新的。那个工程师音乐家又把连接功率放大器的音频线交换了一下，想确认是功放输出问题，还是音频线问题。结果发现，是功放输出端的插头松了。

有时候，即使当人们知道只要花点功夫就能够解决一个问题或者做一次计算时，他们还是不会去做，因为他们认为潜在的回报不值得花那些功夫。这种反应在要解决的问题不是工作份内之事时特别常见。下面是一些实际例子。

❑ 旧金山 Freecycle Network 上的一份告示："免费：Epson Stylus C86 打印机。之前正常工作，后突然无法识别满的墨盒。不确定是墨盒还是打印机出了问题。所以我买了一台新的，现在出让这台旧的。"

❑ 弗雷德和爱丽丝是一对夫妻，分别是学校老师和护士，从来没有给他们家中的电脑安装或更新过软件。他们不知道怎么做，也不想知道。他们只用随机自带的软件。即使他们的电脑提示有软件更新，也会被他们忽略。如果一个应用软件，比如网页浏览器，因为没有更新而停止了工作，他们也就不再用了。不得已时，他们就会买台新电脑。

❑ 另一对夫妻，特德和苏有一台电视机、一台录像播放机和一台 DVD 播放机。这些机器的遥控器堆放在电视机旁边，从来没有用过。特德和苏总是站起来走到设备前去控制它们。他们说学习使用遥控器和记住哪个控制哪个设备对他们来说太麻烦了。但他们却每天使用电脑收发邮件和上网。

这三个例子里的人都不笨。很多都有大学学历，这让他们成为美国人口中受教育程度排前 30% 的人。一些甚至还接受过不同领域中（比如医学）对问题诊断的训练。他们只是在电脑和基于电脑的技术方面没有受过解决问题的训练，或者也对此不感兴趣。

人类发明计算器和电脑主要是用它们来计算和解决人类靠自身难以解决的问题。电脑和计算器在计算和问题求解上，至少在定义清晰的问题上，比我们要擅长得多、也可靠得多。

在用户界面设计上的影响

人们经常有意通过创造和解决谜题，来挑战或"锻炼"自己的大脑（见图10-3）。然而，这并不意味着人们喜欢别人或别的事情提出问题来为难自己。他们有自己的目标，他们用电脑来帮助自己完成目标，他们想要、也需要把自己的注意力专注到那个目标上。交互系统和交互系统的设计者们应该尊重这一点，并且不应以用户不想要的技术问题和目标去干涉用户。

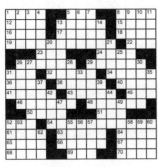

图 10-3
我们通过发明和解决那些费脑子的难题来挑战自己

下面是一些电脑和网站服务把技术问题丢给用户的例子。

❑ "它要我的'用户 ID'。这个跟我的'用户名'是一回事吗？应该是的。"（需要通过排除错误选项的推理过程。）

❑ "什么？它收了我全价！它没给我折扣，现在该怎么办？"（需要通过回想购买过程来发现究竟出现了什么问题。）

❑ "我要第 3 章的页码数从 23 而不是从 1 开始，但我找不到做这个的命令。我试过页面设置、文档布局和查看页眉和页脚，但都没有。只剩下插入页码数这个命令。但我不想插入页码：这一章已经有了页码，我只是想修改起始号。"（需要有条理地在程序的菜单和对话框中找到一种方法，来改变起始页码，如果找不到，通过排除法来确定"插入页码"命令就是解决办法。）

❑ "哼，这个复选框标记着横向对齐图标。我倒想知道我把它去掉后会怎么样。我的图标会变成纵向对齐吗？还是就不对齐了？"（需要设置某些属性来观察后果。）

交互系统应该尽可能减少用户不得不投入注意力去操作它们（Krug，2005），否则这会把稀缺的认知资源从他们要用电脑解决的任务上抽取出来。下面是一些设计上的规则。

❑ **显著地标识系统状态和用户当前进度**　如果用户能够一直轻松地直接查看到他们的状态，使用系统不会对他们的注意力和短期记忆造成压力。

❏ **引导用户完成他们的目标** 设计者们可以含蓄地做到这点，通过确保在每一次做决定的时候提供清晰的信息"气味"，引导用户向目标前进，或者明确地通过使用向导（多步骤的对话框）。不要仅仅显示一堆看起来同样可能的选项，还期望用户知道如何开始和完成目标，特别是当他们在做一个不经常需要做的任务时。

❏ **明确无误地告知用户需要了解的信息** 不要让他们自己去推断，同时避免让用户通过排除法确定某些事情。

❏ **不要让用户诊断系统问题** 例如网络连接故障。这类诊断排查要求经过技术训练，而大部分用户没有。

❏ **尽可能减小设置的数量和复杂度** 不要期待用户会对许多互相影响的设置或者参数做出最优的组合。人们在这方面已经很差劲了。

❏ **让用户使用感觉而不是计算** 一些看起来可能要求计算的问题可以用图形化的方式展示出来，允许人们通过快速的感觉而不是计算来实现自己的目标。举一个简单的例子，假设你想要看一个文档的中间部分。70 年代和 80 年代早期的文档编辑软件要求你查看文档的长度，再除以二，再发出到文档中间页码的指令。当今的文档编辑软件，你只要将滚动条拖曳到滚动栏中间就可以了。类似地，绘图软件中的对齐网格与对齐标尺消除了用户在添加新图片元素时去判断、匹配和计算图片元素坐标的工作。

❏ **让系统令人感到熟悉** 使用用户已经了解的概念、词汇和图像来尽可能让用户对系统感到熟悉，更少地想到系统本身。即使用户从来没有接触过系统提供的功能，设计者们也可以在某种程度上使用这个方式。一个办法是遵循业界标准和习惯（例如，AppleComputer，2009；Microsoft Corporation，2009）。第二个办法是让新的应用软件像用户习惯了的旧软件那样工作。第三个办法是用比喻作为设计基础，例如桌面的比喻（Johnson 等，1989）。最后，设计者们可以研究用户去发现他们熟悉什么和不熟悉什么。

❏ **让电脑去计算** 不要让人去做电脑自己就能做的计算（见图 10-4）。

图 10-4

加利福尼亚州的失业问卷在线表单，要求填写的数据是系统能够根据这两个问题自己计算得到的

前文中问题的答案

- 猫是约翰的。
- 熊是白色的，因为如果一间房子的四面都朝南，那么它一定是在北极点上。
- 5 个工人组装 5 辆车需要 5 小时，所以 1 个工人组装 1 辆车需要 5 小时，100 个工人组装 100 辆车需要 5 小时。（改编自 Kahneman，2011）
- 弗雷德将耗油量从 833 加仑减到了 714 加仑，节省了 119 加仑。苏珊将耗油量从 333 加仑减少到了 250 加仑，节省了 83 加仑（改编自 Kahneman，2011）
- 要得到 4L 的水，先将 3L 的瓶子装满，再倒进 5L 的瓶子。然后将 3L 的瓶子再装满再往 5L 的瓶子里倒直到满了为止。这样 3L 的瓶子里就有 1L 的水了，倒空 5L 瓶子后，把 3L 瓶子里 1L 的水倒进去。接着再把 3L 的瓶子装满水后，倒进 5L 的瓶子里。
- 设 A 等于牛的数量，B 等于鸡的数量。"一个农夫有奶牛和鸡一共 30 头"就转换为"$A+B=30$"。"这些动物一共有 74 条腿"就转换为"$4 \times A + 2 \times B = 74$"。对方程求解就得到 $A=7$ 和 $B=23$，所以农夫有 7 头牛和 23 只鸡。
- 那个禅道学生看到三只手举起来，另外两个学生额头上都是红点。从这些信息，他不知道自己额头上的点是红色还是蓝色。他开始假设那是蓝色的，并开始等待。他的推理是其他学生可以看到他的蓝色点（假设的）和另一个人的红色点，意识到三个学生都举起手来需要有两个红点，很快就能知道他们自己的额头上也必须是红色点了。但过了一分钟另外两个都没有说话，这就告诉这个学生其他人无法判断他们自己的点是什么颜色，这意味着他的点不是蓝色，那就只能是红色的了。

第 11 章

许多因素影响学习

第 10 章对比了我们大脑执行熟练掌握的活动所采用的"自动"方式（系统一），与我们用来解决新问题和计算所使用的高度受控的方式（系统二）。无意识的方式（系统一）消耗很少的甚至不消耗短期记忆（注意力）资源，并且能够与其他活动同时进行。而受控的方式（系统二）对短期记忆有着很高的要求并且无法并行处理（Schneider & Shiffrin, 1977; Kahneman, 2011; Eagleman, 2012）。

我们的大脑经常重塑自己

大脑是如何学习的？最近的研究发现，大脑主要通过不断重塑自己来适应新的情境和环境要求：之前独立工作的神经元开始相互连结，相一致或者相对抗地活动；之前参与某一项认知或行为的神经元重新担负其他功能。这被称为大脑的可塑性（Doidge, 2007）。

40 多年前，人们就已经知道，婴儿大脑的可塑性最强。在出生后的几个月内，一些随机分布的神经元就能组成高度组织化的神经网络。然而成年人大脑的可塑程度（即神经网络的可重组性）是未知的，直到核磁共振和类似的脑观察方法出现。

一个关于大脑可塑性的最激动人心的例子是，利用连接在一起的视频摄像头和一系列带有触觉反馈、安置在盲人背上的模拟器，盲人也能够学会"看"。根据摄像头捕捉到的图像内容，模拟器会以特定的方式轻触盲人的背，针对图像的暗部会进行振动，亮部则不会。经过训练之后，这些研究的参与者可以进行阅读，感知三维场景并识别物体。最初，他们认为模拟器对摄像头捕捉内容的反馈模式是自己背上的触觉刺激模式，但过了一段时间后，他们就认为这实际上是在"看"。

另一个关于大脑可塑性的例子是一种新的中风康复方法。中风患者有时会丧失身体某一侧手臂和下肢的知觉。用传统的方法恢复肢体能力十分困难，有时甚至没有任何效果。中风患者常常能够忽略丧失功能的肢体，依赖健康的肢体去代偿。然而，某些医生最近开始固定住中风患者健康的肢体，强制他们使用已病变的肢体。实验的结果非常乐观。很明显，大脑重新为病变的肢体分布了不同的神经元，让它们恢复功能（Doidge, 2007）。

我们第一次或者头几次进行某项活动时，采用的是高度受控和有意识的方式，但随着练习，它就变得越来越无意识。削苹果皮、开车、抛球、骑自行车、阅读、演奏乐器都是这样的例子。一些看起来需要注意力的活动，比如把坏的樱桃从好的里面挑出来，也能成为无意识活动，以至于我们能够把它当做一个后台任务，而把大量的认知资源留给聊天或看电视新闻。

这样从受控的到无意识的方式的进步，向交互应用、在线服务和电器产品的设计师们提出了一个明显的问题：我们该如何设计，才能使得对它们的操作能够在一个合理的时间范围内成为无意识的？

本章将解释和展示影响人们学习使用交互系统的因素。以下情况时，我们的学习效率更高。

- ❑ 实践是经常的、有规律的和精确的。
- ❑ 操作是专注于任务、简单和一致的。
- ❑ 词汇是专注于任务、熟悉和一致的。
- ❑ 低风险。

当实践经常、有规律和精确时，我们学得更快

显然，实践促进学习。以下是一些详细介绍。

实践的频率

如果仅仅偶尔使用某个交互系统（比如几周一次甚至更少），人们很难在下次使用时记住操作细节。然而，如果使用频繁，熟悉度就很快就能提高起来。大多数用户界面设计师非常了解这一点，也就能够根据人们使用的频率来设计应用、设备和在线服务。

例如，银行自动柜员机（ATM）的设计者假设人们每次使用时都不记得如何操作。它们被设计得很简单，并且能够提醒用户其具有的功能以及如何使用。ATM 展示简单的、已经预知的用户目标（比如，取款、存款、转账），然后引导用户完成所选任务的步骤。航班和酒店预定网站也是类似的任务导向："告诉我你的目标，我就能引导你完成。"相反，文档编辑软件、电子日历、智能手机短信应用、航线管理系统和在线财务服务的设计，都是以用户每天甚至每分钟都使用，能够快速学习和记住使用细节为前提的。

实践的规律

需要多少时间才能把某种活动变成无意识的习惯？Lally 和同事对此做了一个研究（Lally 等，2010）。他们要求 100 位志愿者选择一种新的饮食方式或者体育活动，每天都做，坚持两个

月，并对这些志愿者进行监测，然后测量出被测者的新行为成为无意识习惯（即不需要主观思想或者努力）的时间。

研究人员发现，形成无意识的习惯需要 18 到 254 天，而且越复杂的活动花的时间越长。他们还发现，如果保持实践的规律性（比如每天），习惯形成得更快。偶尔跳过实践不会影响，但经常不实践会极大降低被测者习惯形成的进度。

总结：如果你想让用户习惯性地、无意识地使用你的软件，需要使其设计鼓励用户定期使用。

实践的精度

未经组织的神经元会发出噪音，它们随机触发信号，并不是以有组织的形式。当人们重复地实践某个活动，大脑会组织自己去支撑和控制活动，即神经元网络被"训练"得能协调地发出信号。信号能更系统地发射并且"噪音"更少。不论活动是像识别一个单词那样的感知型，滑雪那样的运动型，数数那样的认知型，还是像唱歌那样的综合型。

一个人越认真、精确地实践某个活动，激活对应的神经元网络时就越系统化、可预测。如果他粗心大意地实践，支撑的神经元网络也保持某种无序（即噪音）状态，并且该实践的执行也仍然草率、不精确（Doidge，2007）。

简单地说，对同一个活动来说，不精确的实践强化了不精确，因为控制它的神经网络仍充满噪音。为了把控制该活动的神经网络训练好，使活动变得精确，需要精确的、认真的实践，即使需要一开始缓慢进行或者要将该活动做分解练习。

如果效率和精确度对一个任务很重要，设计支持该任务的软件和文档要能够（1）帮助用户精确联系（比如，提供标尺和网格），（2）鼓励用户认真、有目的地使用，而不要草率、心不在焉。下面的部分会解释，向用户提供清晰的概念模型可以如何对（2）进行支持。本章后面对按键和手势一致性的讨论也非常重要。

当操作专注于任务、简单和一致时，我们学得更快

当使用一个工具去执行任务时，不论其是否基于电脑，我们都必须把要做的转换成工具所能提供的操作。

❑ 想象自己是个天文学家，你想要将望远镜指向半人马阿尔法星。对于大部分的望远镜，你不能直接要求它指向哪颗星，而必须将你的目标转换为望远镜的定向操作：调整垂直方向角度（方位角）和水平角度，甚至是望远镜当前所对方向与你要求指向之间的夹角。

❑ 假设你有一个没有快速拨号的电话机。要打电话给某人，你就得把他转换成电话号码并把号码告诉电话机。

❑ 如果你要给你所在的公司用一个普通的作图软件做一张组织架构图。要标识出组织、部门以及各自的经理，你得画出方框，并标记出部门的名字和经理的名字，把它们用线连接起来。

❑ 你想双面复印一份正反两面都有内容的文件，但复印机只能复印单面。为了完成任务，你必须先复印文件的某一面，然后取出复印后的纸张，翻过来之后，重新放入复印机的纸槽，复印另外一面。

认知心理学家把用户想要的工具和工具所能提供的操作之间的差距称为"执行的鸿沟"（Norman & Draper，1986）。使用工具的人必须耗用认知力量，将他的任务转换成该工具能够提供的操作，反之亦然。这种认知努力将人的注意力从任务上拽走，放到了对工具的要求上。一个工具提供的操作与用户任务之间的鸿沟越小，用户就越不需要去考虑工具本身，而能更专注于他们的任务。因此，这个工具也就能更快地自动化了。

缩小这个鸿沟的办法是，设计工具使其提供的操作能够匹配用户所要做的事情。继续使用之前的例子。

❑ 一台望远镜的控制系统可以提供一个天体数据库，这样用户就能简单地指出（比如在屏幕上点击）想要观察的天体对象。

❑ 带有快速拨号功能的电话机，用户只需要指出他们想要联系的人或者组织就可以，而不必输入一串号码。

❑ 一个专门用来绘制组织架构图的应用软件能够让用户只需要输入组织名称和经理姓名，就会自动创建出方框和它们之间的连接线。

❑ 对于带双面复印功能的复印机，用户要完成双面复印，只需要在复印机的控制面板上选择该选项。

要使设计的软件、服务和设备提供与用户目标和任务匹配的操作，设计者必须很彻底地了解用户目标，和工具所要支持的任务。要了解这些，必须做到以下三步：

(1) 做一个任务分析；
(2) 设计一个专注于任务的概念模型，其中主要包含对象/操作分析；
(3) 严格按照任务分析和概念模型设计用户界面。

任务分析

深入具体地介绍如何分析用户目标和任务超出了本书的范围。已经有人用整章甚至整本书专门对此做过介绍（Beyer & Holtzblatt，1997；Hackos & Redish，1998；Johnson，2007）。目前来看，一个好的任务分析应回答以下问题。

- 用户在使用这个应用时想要实现什么目的？
- 应用想支持怎样的一套人工任务？
- 哪些任务是常见的，哪些是少见的？
- 哪些任务是最重要的，哪些是不重要的？
- 每个任务的步骤是什么？
- 每个任务的结果和输出是什么？
- 每个任务所需的信息从哪来？
- 每个任务结果的信息是怎么利用的？
- 什么人做什么任务？
- 每个任务该使用哪些工具？
- 在执行各个任务时，人们会遇到什么问题？什么样的错误是常见的？是什么造成这些错误？错误造成的损害会有多严重？
- 人们在执行这些任务时都使用什么样的词汇？
- 要执行这些任务，人们必须进行哪些沟通？
- 不同的任务之间是如何联系的？

概念模型

一旦得到这些问题的答案（通过观察和对执行这些任务的人的访谈），下一步并不是立刻开始绘制用户界面草图，而是为这个工具设计一个专注于用户任务和目标的概念模型（Johnson & Henderson，2002，2011，2013）。

应用程序的概念模型是设计师希望用户理解的内容。通过使用该程序，与其他用户进行交流，阅读相关文件，用户能够在自己大脑中建立起一个关于如何使用该程序的模型。我们希望看到的情况是，用户在自己大脑中建立的模型接近于设计师给出的模型。只有设计师明确把设计一个清晰的概念模型作为开发流程的一个关键环节，达成这一目标的几率才能更大一些。

概念模型抽象地表述了用户可以通过系统完成的任务，以及完成任务所需要了解的相关概念。这些概念应该来自于对任务的分析，所以概念模型关注的是任务领域。在目标任务领域之外，它还应该包括一些用户需要掌握的概念（如果有的话）。应用程序的概念和它所支持的任务之间的映射越直接，用户需要理解的东西就越少，学习使用工具就越容易。

除了专注于用户的任务，概念模型也应该尽可能简单，越简单就意味着概念越少。只要提供了用户需要的功能，那么用户需要掌握的概念就越少越好。只要能够很好地让用户达到目标完成任务，少即是多。

示例如下。

❑ 对于一个 To-Do 列表应用来说，用户是否需要给某项任务指定 1~10 个优先级别，还是说只要准备两个优先级（高、低）就够了呢？

❑ 搜索引擎的输入框是否允许用户输入各种布尔表达式？如果允许，那是不是很多人都会那么用呢？如果不是，就不要设计得那么复杂。

❑ 火车站的售票系统用不用发售其他火车线路的车票，而不仅限于本站所在的线路？

很多开发过程都会有一种添加额外功能的压力，以防"用户万一需要这个功能"。在面临这种压力时，除非确有迹象表明会有很多潜在客户或者用户需要它，否则一定要坚决抵制。为什么？因为每多考虑一种可能性，就会让软件变得更复杂一些，而用户也要多花一些时间学习。况且，这实际上也不仅仅是一种可能性那么简单。每一个新想法都要与很多其他的想法发生联系，这种联系会导致复杂性进一步上升。因此，新想法不断加入导致应用程序复杂性的增加不是线性的，而是倍增关系。

关于对概念模型更为全面的探讨，包括在提供所需的功能和灵活性的同时，如何保持概念模型的简单，让它聚焦于任务，参见 Johnson & Henderson（2002，2011，2013）。

在你设计出一个聚焦于任务的概念模型之后，尽可能简化，尽可能地保持一致，这样就可以为其设计用户界面了，它能最小化使用程序的时间，提升使用体验，最后变成让用户习惯性使用的程序。

太过相似的独立概念带来的额外复杂性

一些软件程序太过复杂，因为其中的一些概念在含义或功能方面有重叠现象。例如，某公司的客户支持网站给出了四个概念，开发人员认为这四个概念完全不同。

❑ **会员**　企业是否为客户支持服务付过费。

❑ **订阅**　企业是否订阅了客户支持的内容更新。

❑ **访问**　企业中的用户可以访问客户支持网站中的哪些内容。

❑ **权利**　为不同级别会员提供的服务。

用户对这四个概念则非常迷糊。所有这四个概念应该合并成一个，或者至少比四个少。

另一个企业为那些寻找并购买房屋的人开发了一个网站。网站提供了两种寻找房屋的方法：（1）给出州、乡或镇的名称；（2）指向地图上的某个位置。该网站称这两种方法为"通过位置寻找"和"通过地图寻找"，要求用户选择其中的一种方式。可用性测试发现，很多用户并不认为这是两种不同的寻找房屋的方式。对于他们来说，这两种方法都是通过地理位置寻找房屋，只是确定位置的方式不同。

一致性

一个交互系统的用户从受控的、有意识监控的、缓慢的操作，进步到无意识的、无需监控的和更快的操作，这个过程的速度受到系统一致性的严重影响（Schnerder & Shiffrin，1997）。系统不同功能的操作越可预期，它的一致性就越高。在一个高度一致的系统中，一个功能的操作可以从它的类型中看出来，所以用户能快速了解系统是如何运作的，从而使得使用这个操作成为习惯性的。在不一致的系统中，用户无法对不同的功能如何运作做出预判，所以就必须每个都重新学一遍，这就使得整个系统的学习过程慢了下来，也让用户对这些功能的使用始终无法脱离受控的、消耗注意力资源的状态。

设计师的目标是提出一个尽可能简单、统一、面向任务的模型，利用这一模型，设计师可以设计用户界面，以尽量减少使用该应用程序所需的时间和经验，最终让操作变得无意识。

交互系统可以在至少两个不同层面上讨论一致性：概念层面和按键层面。概念层面的一致性是由对象、操作和概念模型属性（见上文）之间的映射决定的。系统中的对象是否都有同类的操作和属性？按键层面的一致性是由概念上的操作与现实中执行操作所需要的实际动作之间的映射决定的。某一类型概念的操作是否都是由同样的物理动作来发起和控制的？

按键的一致性

当一位设计者从概念设计进入实际用户界面设计时，按键这一层面上的一致性就变得重要了。

按键层面的一致性更难以展示和衡量，但在决定一个交互系统的操作能够多快地变为无意识的这一方面上，与概念一致性至少同样重要。目标是培养通常所谓的"肌肉记忆"，即操作的运动习惯。按键不一致的系统不会让用户迅速形成肌肉记忆的习惯。相反，它会强迫用户持续意识到，或者猜测，在每一种情境之下应该执行哪种按键操作，即便不同情景之下的按键姿势只是稍有不同。另外，它很容易让用户出错，也就是，偶然性地执行那些原本没有打算做的事情。

实现按键层面的一致性要求对同一类型的所有操作的实际动作进行标准化。文字编辑是一个操作类型的例子。文字编辑在按键层面的一致性要求不论在哪儿编辑文字，如文档、表单字段、文件名等，按键（和光标的移动）动作应是一样的。需要按键层面一致性的其他类型的活动还有打开文档、跟随链接、选择菜单项、从展示的选项中做选择、点击按钮和滚动显示等。

为一个假想的多媒体文档编辑器设定另外的"剪切"、"粘贴"键盘快捷键。该文档编辑器支持用户创建包括文字、绘图、表格、图像和视频的文档。在设计方案 A 中，无论用户选择什么类型的内容，剪切和粘贴都使用两个相同的键盘快捷键。在方案 B 中，两者的快捷键会因为用户所选择对象的不同而发生变化。在方案 C 中，除了视频之外的所有内容都是用相同的剪切和粘贴快捷键（参见表 11-1）。

表 11-1　哪一种 UI 设计方案最容易学习和记忆？哪个最难？

对　象	文档编辑器的键盘快捷键：供选设计方案					
	设计 A		设计 B		设计 C	
	剪　切	粘　贴	剪　切	粘　贴	剪　切	粘　贴
文本	CNTRL-X	CNTRL-V	CNTRL-X	CNTRL-V	CNTRL-X	CNTRL-V
草图	CNTRL-X	CNTRL-V	CNTRL-C	CNTRL-P	CNTRL-X	CNTRL-V
表格	CNTRL-X	CNTRL-V	CNTRL-Z	CNTRL-Y	CNTRL-X	CNTRL-V
图像	CNTRL-X	CNTRL-V	CNTRL-M	CNTRL-N	CNTRL-X	CNTRL-V
视频	CNTRL-X	CNTRL-V	CNTRL-Q	CNTRL-R	CNTRL-E	CNTRL-R

第一个问题是：哪个设计最容易学？相当明显，设计 A 最容易。

第二个问题：哪个设计最难学？这是个比较难的问题。人们倾向于认为设计 B 最难学，是因为它看起来是三者中最不一致的。然而，答案要看"最难学"的意义是什么。如果说是"该设计使得用户上手要花最多的时间"，那么肯定是设计 B。大部分用户要花很长时间才能学会所有对应不同类型内容的剪贴快捷键。但在足够的驱动力下，比如工作要求使用这款软件，极强的适应力能够让人学会任何东西。最终，也许是一个月后，用户将很轻松和快速地使用设计 B。相比来说，设计 C 的用户只要花与设计 A 差不多短的时间，或许多出几分钟，就能够上手了。

然而，如果我们把"最难学会"解释成"该设计使得用户达到无错使用需要的学习时间最长"，那么答案就是设计 C。除了视频内容，其他类型的内容剪贴操作的快捷键都一样。虽然用户很快就能上手，但他们至少在几个月里，甚至一直会持续错误使用 CTRL-X 和 CTRL-V 对视频内容做操作。

对于学习要求手眼协调的活动，一致性极其重要，比如滚动、移动以及缩放显示内容（特别是在触摸屏上）。如果这些操作要求用户在不同的情景（例如，不同的 APP）下做出不同的操作姿势，那么用户大脑中对应的神经网络将会出现噪声，阻止用户"自动地"平移或滚动（也就是不经过思索就进行操作）。

　　计算机上运行的 Mac OS X[①]中，移动和滚动通常是在触摸板上沿期望方向用两根手指拖动完成的，缩放操作是通过两根手指捏合完成的。但如果 Mac 用户使用 Google 地图将会是什么样的情况呢？在左列给出的搜索结果列表中（参见图 11-1），用户利用标准的 Mac OS X 手势（上下滑动两根手指来执行滚动/移动操作，通过两根手指捏合能够缩放文本）在地图上操作，不管用。拖动两根手指之后，地图并没有平移，而是执行了缩放操作。平移地图需要用一根手指点击触摸板，然后拖动。同样，在地图上捏合两根手指并不能实现缩放效果，最终实现的却是整个浏览器窗口内容的缩放。这种不一致性在很大程度上阻碍了滚动、平移和缩放的操作，用户根本就不可能实现无意识操作。

图 11-1
不一致的手势阻碍了用户自动执行滚动、平移和缩放操作

　　开发者促进按键层面上的一致性的一个常见办法是遵循用户界面标准。这样的标准可以在风格指南中找到，或者已经集成在用户界面构造工具和控件套件里了。整个业界都有风格指南，桌面软件有它们的指南（Apple Computer，2009；Microsoft Corporation，2009），网站设计也有自己的指南（Koyani，Bailey & Nall，2006）。各个公司也最好有内部的风格指南，在业界标准之上来增强自己产品界面的外观和感受。

　　不论惯例和约定是如何被封装起来的，目标都是在概念和任务层面上创新而在按键层面上

———————————————

①在本书成文之时，Mac OS X 的最新版本是 Lion 10.8.5。

坚持惯例。作为设计者，我们真的不想让我们的软件用户在使用软件工作时不停地去想按键层面的动作，用户也不愿意这么做。

当词汇专注于任务、熟悉和一致时，我们学得更快

保证一个应用程序、网站服务或者设备对其用户展现一套小的、一致的、和任务相关的概念是意义重大的第一步，但还不足以使人们在学习交互系统上消耗的时间最少。你还需要确保词汇，即概念的名称，与任务搭配，并且是大家熟悉和具有一致性的。

词汇应是专注于任务的

就像用户可见的概念应该专注于任务一样，概念的名称也应如此。通常来说，对用户的访谈和观察是任务分析的一部分，设计者们从中就可获得专注于任务的词汇。软件偶尔需要向用户引入一些新的概念，对设计者们来说，要接受的挑战就是保证这些概念和它们的名称聚焦于任务之上，而不是所用的技术上。

下面是交互性软件系统使用非专注于任务的词汇的一些例子。

❑ 一个公司为操作投资交易开发了一款桌面应用软件。这款软件让用户创建和保存常用交易的模板，并为用户提供选择，可以把模板保存到自己的个人电脑上或者网络服务器上。保存在个人电脑上的模板是私有的，而保存在服务器上的允许所有人访问。开发团队用了"数据库"一词来表示存在服务器上的模板，因为模板的确存储在服务器上的数据库中。他们又使用"本地"来称呼存在用户个人电脑上的模板，因为那的确是存在用户的本地机器上的。但是，更专注于任务的词应该为"共享"或者"公共"，而不是"数据库"；应该是"私有"而不是"本地"。

❑ 一个网站首先让访问者选择一个"数据库"。然而，网站的访客并不关心也不需要知道网站的数据是保存在多个数据库中的。专注于任务的指令应该是让用户选择一个关心的国家，而不是一个数据库（见图 11-2）。

Please Select Database:
- Iraq
- Afghanistan

图 11-2
在指令中使用并非专注于任务的语言（"数据库"）

词汇应该是熟悉的

为了减少人们掌握你的应用软件、网站或者设备所需的时间，从而能够自动地使用它们，不要逼迫用户学习一套全新的词汇。第 4 章解释了，熟悉的词汇更容易被阅读和理解是因为它们能够被自动地识别。不熟悉的单词让用户动用更多的主动意识去理解，从而消耗了本来就少的短期记忆资源，也就降低了对系统的理解。

不幸的是，许多基于计算机的产品和服务展示给用户的都是来自计算机工程中的词汇。这些词汇经常被称作"电脑玩家用语"，用户不熟悉却又必须去掌握（见图 11-3）。为什么非得这样呢？操作一个电烤箱并不要求我们掌握天然气的压力和化学组成方面的词汇，或者电力生产和传输的术语。但为什么在网上购物、分享照片或者查询电子邮件时，就要求我们学习类似 USB、TIFF 或者宽带这些玩家用语呢？但在许多情况下，事实就是这样的。

图 11-3
陌生的计算机术语（又被称为"电脑玩家用语"）既拖慢了用户的学习也让他们感到纠结

下面是交互性软件系统使用陌生词汇的例子。

❑ 一个开发团队为学校的老师设计在课堂上使用的视频点播系统。这个系统的目的在于允许老师找到学区提供的视频，下载这些视频并在课堂上播放。开发团队的最初方案是根据"类型"和"子类型"的层级架构组织视频。然而，与教师们的访谈显示，他们使用"科目"和"单元"来组织包括视频在内的教学内容。如果系统使用了开发团队选择的词汇，使用这个系统的老师们将不得不学习"类型"就是"科目"，以及"子类型"就是"单元"，这也就使得他们更难掌握这个系统的使用。

❑ 移动电话服务商 SPRINT 会向客户的手机发送软件更新的通知。这些通知一般会说明每一次更新包括的新功能。SPRINT 的一条更新通知写道"支持从设定菜单选择亮色或暗色风格的 UI 主题（参见图 11-4）"。大部分消费者并不知道什么是"UI 主题"，这是软件设计师和开发人员使用的术语。

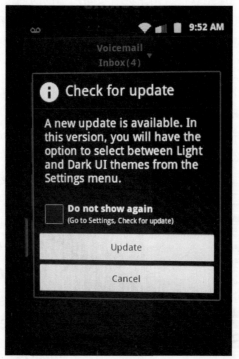

图 11-4
来自于 SPRINT 的移动电话服务更新信息使用了计算机术语"UI 主题"

❑ Windows 媒体播放器有时会通过用户不熟悉的方式来使用熟悉的词（见图 11-5）。图中的错误消息是指软件的运行状态，而媒体播放器的普通用户可能把这理解为他们居住的州（state 有"状态"和"州"两个含义，错误消息的意思是"请求在当前状态下不合法"，而用户可能理解为他们发起的请求在他们所居住的州不合法）。

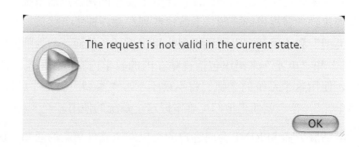

图 11-5
Windows 媒体播放器的错误消息里通过用户不熟悉的方式使用他们熟悉的词（state）

　　与这些例子不同，美国西南航空的网站试着避免出现错误消息。在不可避免时，它试着用针对任务的、用户熟悉的方式来解释问题（见图 11-6）。

图 11-6
美国西南航空网站的错误消息是针对任务的，十分清晰，有助于用户学习使用

专用词汇应保持一致

　　人们希望将认知资源用在自己的目标和任务上，而不是使用的软件上。他们就是想要达到自己的目标，对软件并不感兴趣，对软件所展示的东西仅仅做表面和字面上的解释。他们有限的注意力资源集中在他们的目标上，以至于如果他们找的是搜索功能而屏幕或者页面上标记的是"查询"，他们都有可能错过。因此，一个交互系统中所用的专用词汇应该高度一致。

　　当每一个概念有且只有一个名称时，交互系统所用的专用词汇就是一致的。Caroline Jarrett，这位用户界面和表单设计的专家提供了这条规则：

同一个名称，就是同一个东西；不同的名称，就是不同的东西（FormsThatWork.com）。

　　这意味着词条和概念应该有着一一对应的关系。绝对不要使用不同的词条表示同一个概念，也不要用同一个词条表示多个概念。即使在现实世界中有歧义的词条在系统中也应只表示一个东西。不做到这些，人们更难学习和记忆如何使用这个系统。

　　一个不同词条表示同一个概念的例子是 Earthlink 的网站托管部分的常见问题（FAQ）页面（见图 11-7）。两个网站托管平台被称为"基于 Windows 平台"和"基于 UNIX 平台"，但在表格中，却成了"标准"和"ASP"。客户就不得不停下来试着搞明白到底哪个是哪个。你知道吗？

图 11-7
Earthlink 的网站托管部分的常见问题在问题和表格中使用了不同的词条表示相同的选项

    Adobe Photoshop 中的一个例子显示，不一致的词汇会阻碍学习。Photoshop 有两个功能能够替换图片里某个指定颜色：替换颜色（replace color），将图片中某个指定颜色全部用另一个颜色替换掉；油漆桶（paint bucket），能够将一个封闭区域中指定的颜色换成新颜色。这两个功能中都有用来指定图片中新颜色与被替换掉的颜色有多接近的一个参数。不一致的地方在于：在替换颜色的功能中，这个参数叫做 Fuzziness，但在油漆桶中把这个参数叫做 Tolerance（见图 11-8）。Photoshop 在线帮助文档中的"替换颜色"部分甚至说"通过拖曳滑动条或者输入一个值来调整蒙版的'宽容度'"。如果这个参数在两个功能中都被叫做"宽容度"，人们就能够在学会一个功能后更快地将所学到的技能转到另一个上去。但现在不是这样，因此他们不得不分别学习这两个功能。

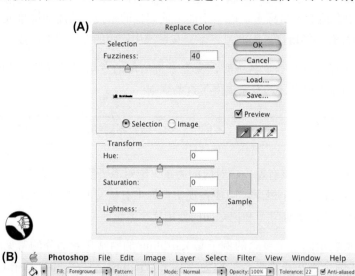

图 11-8
Photoshop 在两个颜色替换功能中使用了不同的名称来表示容差参数。（A）替换颜色中使用了 Fuzziness（模糊度），（B）在油漆桶中使用了 Tolerance（宽容度）

　　最后，WordPress.com 中也有一个同样的词条表示不同概念的例子（这也被叫做词汇重载）。网志的管理中，WordPress 为每个作者提供了一个有好几个页面的集合了监控和管理功能的仪表盘。问题在于仪表盘的多个管理页之一也被叫做"仪表盘"，也就是说同一个名称被用来表示整个仪表盘和其中的一个页面（见图 11-9）。因此，当新的网志作者学习使用 WordPress 时，就会发现也不得不记住"仪表盘"有时候代表整个管理区域，有时候又特指管理区域下的仪表盘页面。

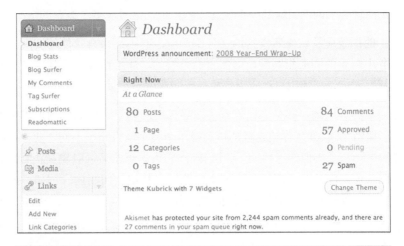

图 11-9
在 WordPress 中，"仪表盘"指的既是网志的整个管理区域，也是该区域的某个页面

有一个好的概念模型能够方便开发一套专注于任务、熟悉和一致的专用词汇

　　好消息是，当你在做一个任务分析和开发一套专注于任务的概念模型时，你也获得了目标

用户用来讨论这些任务的词汇。你不必硬生生地为你的用户能看到的概念创造出一些新词汇，而是可以用人们在执行这些任务时早就在用的词汇。实际上，你不应为那些概念创造新的名字，因为你造的任何词都可能是电脑技术用语，不属于任务范畴[①]。

软件开发团队应从概念模型中创造一个产品词典。在这个词典里，该产品（包括它的文档）中用户能接触到的每个对象、动作和属性都有一个名字和定义。词条和概念在词典中应一一对应，而不该出现多个词汇对应到一个概念或者一个词汇对应多个概念的情况。

词典中的词条应从软件所支持的任务中产生，而不是来自具体的实现方式。词条应与用户在普通任务中所用的词汇相匹配，即使它们是新的。通常情况下，技术文档编写者、用户界面设计者、开发者、经理和用户都应为生成这个词典做出贡献。

图形用户界面中的一些概念已经有了业界标准的名字。他们在图形界面中的作用类似编程语言中的"保留字"。如果你给这样的概念换了个名字或者赋予不同于业界标准的意义，用户就会被搞糊涂了。一个类似的保留词是"选择"。它表示点击某一对象，使其高亮显示，将其作为后续操作的对象。GUI 中"选择"一词不应该用作其他任何用途（例如，把一个内容项添加到列表或选集）。其他的 GUI 保留术语包括"点击"、"按下"、"拖动"、"按钮"和"链接"等。

在软件中、用户手册里以及市场营销的文字中，都应一致地遵循产品词典。应把产品词典视为一个活的文档：随着产品的发展演进，词典应在新的设计心得、功能的变化、可用性测试的结果和市场反馈的基础上做出相应的变化。

风险低的时候我们学得快

想象一下你到一个外国城市出差一两个星期。在工作之后的晚上和周末，你有一些闲暇时间。比较下面这两个城市。

- ❑ 你被告知在这个城市里四处走动很容易。街道的布局规划清晰统一，道路和地铁标识清晰，居民和警察对游客非常友好，非常乐意帮忙。
- ❑ 你被事先警告这个城市的规划混乱复杂。街道绕来绕去，路标也不清晰；街道和地铁的标识很少，上面没有你认识的语言，居民不会说你的语言，总体上也瞧不起外地游客。

你更愿意在哪个城市里逛逛？

大多数的交互系统，如桌面软件、网站服务和电器产品等，配备的功能远远超出用户会尝试使用的。通常人们甚至不知道他们日常所用软件或者器材的大部分功能。原因之一是，害怕

[①] 除非你是在设计软件开发工具。

被折腾得身心俱疲。

人会犯错误。许多交互系统让用户非常容易犯错，却不能让用户修正错误，或者修正错误的成本非常高。在这样的系统上，人们无法变得高效：他们在修正错误或者从错误中恢复时浪费了大量时间。

比在时间上的影响更重要的是，在实践和探索上的影响。一个容易使人犯错误而且错误代价很高的高风险系统阻碍人们对其探索，对犯错误感到紧张和害怕的人们更愿意继续使用熟悉的、安全的路径和功能。当探索受到阻碍、又高度紧张时，学习的动力就受到了严重的打击。

试想，如果小提琴或小号在演奏者出现错误时会产生轻微的电击惩罚，那么，音乐家们将不再会利用这些乐器进行练习，也永远不会用它们演奏新的、不熟悉的曲子。

如果实践和探索不受鼓励，那么学习将会变得很困难[1]。相反地，在低风险的系统里，用户不容易犯错误，犯错的代价也很低，也容易修正，那就能减少用户的压力并鼓励探索，因此也就极大地促进了学习。使用这样的系统，用户就更愿意尝试新的路径："嗯，那个东西是干什么的？"通过以下方法能构建低风险的使用环境：

- ❏ 尽可能防止出错；
- ❏ 停用不合理的命令；
- ❏ 向用户清晰地展示他们做了什么（比如，不小心删除了一段文字），这样错误就容易被发现；
- ❏ 让用户能够轻松地撤销、逆转或者修正错误。

---

[1] 本章节前面的内容说明了实践能够带来的益处。

第 12 章

人类很少做理性的决策

决策和经济学方面的理论长久以来的基本假设就是，决策是理智的、自私的、长期保持稳定的。然而，认知学的研究显示，其中至少两个方面，即理智的和稳定的，并不是人们做决策时的特点（Kaheman，2011；Eagleman，2012）。这些发现对经济学和决策理论产生了巨大的冲击。

第 10 章介绍了人脑的三个部分——旧脑、中脑和新脑，并逐一做了解释，而且提出了两种不同的思维，心理学家们称之为**系统一**（自动的、无意识的、非监控的、高度并行的、非理性的、粗略的，快速的）和**系统二**（受控的、有意识的、线性的、理性的、精确的、缓慢的）。虽然系统二认为自己管理了我们的思想和行为，但事实并非如此。它的主要任务是制约快速、不准确而且经常做出错误判断的系统一。然而，系统二很懒惰[①]，只在必要时才这么做。

人们经常不理性

经典的决策和经济学理论以人们在简单的赌博游戏中做出的选择来进行研究。经济学家和决策学家们以此来简化他们的研究，就像一些生物学家通过研究果蝇、扁形虫和小白鼠来帮助他们理解更普遍的生物学过程一样。理性决策的一个基础公理是这样的：如果在 X 和 Y 之间，你更倾向于 X，那么在赢得 X 和 Y 的几率相同的情况下，你会更倾向于赢得 X。基于此和一些类似的基础公理，再加上人们的偏好是理智的、自私的和稳定的这个假设，经济学家和决策学家们推导出了复杂的经济学和决策学理论。这些理论在推导个人和组织应该如何决策时非常有用，但在预测人们实际上是如何做决定时，却完全是错误的。

---

① 系统二也是个体差异的一个来源，有些人的系统二比其他人的要积极（Kahneman，2011；Eagleman，2012）。

相比收益，我们更在乎损失

如果你问人们，他们是更愿意以 50% 的机会赢得 100 美元现金（另外 50% 的可能什么都得不到），还是愿意选择一个价值 45 美元的礼物，大部分人都会选择礼物。按理说，一个理性的人应该会因为赌博的预期收益[①]是 50 美元而选择赌一次。但对于实际上无意识替我们做了大部分决定的系统一来说，有一半机会什么也得不到实在是太可怕了。只有当礼物的价值远远小于赌博的预期收益时，人们才会选择赌博。职业赌徒则是例外，他们之所以会选择打赌，是因为他们知道，在很多类似的选择中他们会胜出。他们的系统一已经学会了接受有风险但又有利可图的赌博。

不相信吗？想想下面这个例子。一个朋友与你打赌抛硬币：正面朝上，他给你 150 元；正面朝下，你给他 100 元。你会和他赌吗？虽然赢面对你有利，但研究显示大部分人不愿意打这个赌（Kahneman，2011）。虽然收益会带来快乐，但他们更惧怕损失。大部分人需要在二比一的赢面（正面朝上赢 200 元，正面朝下输 100 元）下才愿意打赌。职业交易员较少规避风险，因为他们知道自己会赌许多次，所以即使输掉多轮，但只要稍微占了赢面，就可能会最后胜出。

而且，Kahneman 的研究（2011）指出，人们在遭受损失后感受到的痛苦与损失量并不成线性关系。比如，对牧民来说，损失 900 头牛与损失 1000 头牛，前者所带来的痛苦要比后者 90% 的痛苦要多。

基于多年对人们在赌博和其他有风险的环境下（比如是否在庭外和解某个诉讼）实际决策行为的研究，Daniel Kahneman 和他的同事 Amos Tversky 发明了一个 2×2 的矩阵，称为四相模式（fourfold pattern，见表 12-1）。就是说，当我们有大的机会获得大的收益时（左上）或者小的机会产生小的损失时（右下），我们倾向于谨慎行事（即规避风险），但当面对大的机会产生大的损失（右上）或者小的机会获得大的收益时（左下），我们倾向于赌一把（即甘愿冒险）。

表 12-1　四相模式：预测人类在有风险的情况下的选择

	收　　益	损　　失
高概率	赌局：有 95% 的概率获得 10 000 美元，5% 的概率什么都不获得	赌局：有 95% 的概率输掉 10 000 美元，5% 的概率没有任何损失
	另一种选择：一定会获得 8000 美元（低于赌局预期收益）	另一种选择：一定会损失 8000 美元（低于赌局预期损失）
	• 害怕失去收益	• 希望避免损失
	• 规避风险	• 人们甘愿冒险
	• 大多数人会接受十分确定的收益	• 大多数人倾向于赌一把

[①] 赌局的预期收益是你能赢的概率乘以赢的金额，在该例中是 $100×0.5=$50。这是赌博多次，平均每次可以期望赢得的金额。

（续）

	收　　益	损　　失
低概率	赌局：有 5% 的概率获得 10 000 美元，95% 的概率什么都不获得	赌局：有 5% 的概率损失 10 000 美元，95% 的概率没有任何损失
	另一种选择：一定会获得 2000 美元（大于赌局预期收益）	另一种选择：一定会输掉 2000 美元（大于赌局预期损失）
	• 希望得到更大收益	• 害怕大的损失
	• 人们寻求风险	• 人们规避风险
	• 大多数人倾向于赌一把	• 大多数人会接受十分确定的损失

改编自 Kahneman，2011

四相模式预测人类在有风险的情况下的行为，比如在以下情况中的意愿：

❏ 法律纠纷中，是否接受庭外和解时；

❏ 购买保险（非必需时）；

❏ 玩彩票时；

❏ 在赌场赌博时。

措辞也能影响我们的选择

想象一下医生告知你得了绝症，并告诉你有一种生存率能达到 90% 的治疗方法。感觉还很乐观，是吧？再重新想象一下：医生告诉你得了绝症，有一种治疗方法，死亡率有 10%。这听起来挺糟糕的，不是吗？在这两种表达方式中，治疗方法的有效程度是一样的。一个理性的人不会因医生的表述而改变决定，但一般人的判断却并不如此。这是系统一在起作用，而系统二则一般不介入。

以下是另一个例子（Kahneman，2011）：一次危险的流感爆发很快就要侵入你的国家。卫生部门的官员们预计，如果人群没有接种疫苗，大约会死亡 600 人。现在有两种疫苗可供选择：

❏ 疫苗 A，曾经使用过，预计能够拯救 600 人中的 200 人；

❏ 疫苗 B，还在实验阶段，有三分之一的概率拯救 600 人，三分之二的概率无人获救。

大部分人面对这样的选择都会选择疫苗 A。他们喜欢确定的东西。现在再看看措辞经过略微修改之后的这两种选择：

❏ 疫苗 A，曾经使用过，预计 600 人中会死亡 400 人；

❏ 疫苗 B，还在试验阶段，有三分之一的概率让 600 人无一死亡，三分之二的概率让 600 人无一幸免。

措辞这样修改后，大部分人会选择 B。这次，确定的是死亡，这是不讨人喜欢的。按照 Kahneman 的说法，系统一不仅会把损失看得比收益更重要，它还会在面对收益时尽量规避风险，面对损失时尽量冒险。因此，当选项以收益来表达时，人们通常更偏向确定的事情，而当完全相同的选项以损失来表达时，人们更偏向于投机。

心理学家把这叫做框架效应（framing effect）：选项的表达方式能够影响人们的决策。

框架效应也能通过事先将人们思维的"会计核算"调整到一个新的水平来影响人们的决策，调整之后我们对收益和损失的感觉就与之前不同了。例如，想象你参加了一个电视游戏节目并赢得了 1000 元。在你离开之前，节目主持人请你做个选择：要么有 50% 的机会（比如抛硬币）能再赢得 1000 元，另外 50% 的机会赢不到，要么直接拿走 500 元。大部分人都会选择拿走确定的那 500 元。他们宁可获得确定的 1500 元，也不愿冒只拿 1000 元的风险而赌一把 2000 元。虽然系统一做出了决定，但是系统二把这个决定理性化了："为什么要贪心呢？"

现在重新开始。假设一开始赢得了 2000 元，现在你的选择是：要么有 50% 的机会损失掉 1000 元，另外 50% 的机会没有损失，要么损失 500 元。这次，大部分人不会喜欢确定的损失，他们倾向于为了保全 2000 元而赌一次，即使很可能最后只剩下 1000 元。系统二此时的理性化理由是："我希望能够保住所有的。"

框架效应是人们的决策和偏好随时间变得不稳定的一个原因：用一种方式表述，人们会做出某种决策；换一种方式表达，人们会做出不同的决策。

生动的想象和记忆也影响着我们

除了收益和损失以及选项的表达方式能够影响人们的决策之外，人们也倾向于过高估计不大可能的事件发生的可能性，尤其是当他们能够想象出画面或者轻松回忆出那些事件时。并且，人们在决策中倾向于对这样的事件增加更多的权重。

举个例子，如果要人们估计美国密歇根州去年的谋杀案数量，那些记得底特律位于密歇根州的人会比那些不记得的人给出更大的估计值，当然，许多人都不记得。许多人甚至认为底特律每年的谋杀案数量比密歇根州的还要高。可以这样认为：系统一基于启发快速给出答案，比如获取相关信息的难度。底特律的谋杀案经常出现在新闻报道上，人们在记忆中把"底特律"和"谋杀"关联了起来。但关于"密歇根州的谋杀案"则很少见，所以"谋杀"和"密歇根州"在记忆里并无强烈的关联。如果系统一不能回忆起底特律属于密歇根州的话，它的估计值就低，而且系统二很少介入（Kahneman，2011）。

类似地，如果被问起政客还是儿科医生更可能有婚外情，大部分人会立刻说"当然是政客"。这是系统一的答案，它能够轻松地回忆起政客们的风流韵事，因为这些事被媒体大量报导。但除非有人碰巧知道一个儿科医生有外遇，否则系统一不会回忆起任何这样的事情，因为鲜有媒体报导类似事件。

系统一也容易被生动的想象，以及旧脑与中脑出于本能对事件做出的反应所影响。这就是为什么人们在礼貌的场合使用模糊和委婉的用语，避免使用产生强烈反应的、与不愉快话题相关的用语。比如，在晚宴上人们会说自己的配偶没来是因为生病了，而不说是因为呕吐或者拉肚子了。

一个相关的倾向是，相对于统计论据，人们更容易相信那些有条理、令人兴奋的故事。在第 10 章，"查理叔叔"效应做了解释：一个人可能看过成堆的统计资料，它们都显示尼桑 Leaf 是非常好的车，但如果那人的查理叔叔（或者其他亲戚和朋友）有过糟糕的驾驶体验，他的系统一[①]会认为那车就是个蹩脚货，继而会影响他对这车的看法，除非系统二推翻了这个判断。

类似地，系统一不在意采样数据量。如果你读到这样一则调查：逐门逐户对潜在投票者做调研显示，现任美国总统的支持率为 63%。你的系统一不会注意到调查的投票者究竟是 300 还是 3000 位。然而，如果你读到只调查了 30 位投票者，那就会引起你的系统二的注意，它会介入并推翻系统一的结论，表示"这不是一个有效的调查"（Kahneman，2011）。

最后，系统一基于最直接可获得的信息（当前的感知和强烈的、容易回想起来的记忆）做决定。系统一不会也无法考虑其他可能对立的证据和经验。由于系统一所基于的最直接可获得的信息在变化，它的反应和选择也就跟着改变。

利用人类认知的优缺点

如何使用之前描述的人们决策判断的特点来帮助实现设计师的目标？以下是一些方法。

支持理性的决策：帮助系统二取代或者协助系统一

人们发明电脑技术的目的与发明算术、计算器、名片盒、检查清单的目的一样，都是为了弥补自身薄弱和不可靠的理性思考过程。早期电脑处理人们无法可靠并稳定处理的、非常复杂和冗长的数学计算，但现在电脑则帮人们完成更广泛的信息处理工作。

电脑稳定、快速和精确，所擅长的恰恰就是人们所不擅长的：记忆、计算、推导、监控、搜索、罗列、比较和通信。所以人们使用电脑来辅助这些工作。决策判断也属于这样的工作。

[①] Kahneman（2011）指出，系统一和系统二之间的差别本身就是个故事，是心理学家编造出来解释人类认知特点的双重性的。

比如，很多人现在在签署抵押贷款前，会使用贷款计算器来比较不同的贷款，以及计算月供和需要支付的总额（见图 12-1）。计算器能帮助人们做这样的决定。

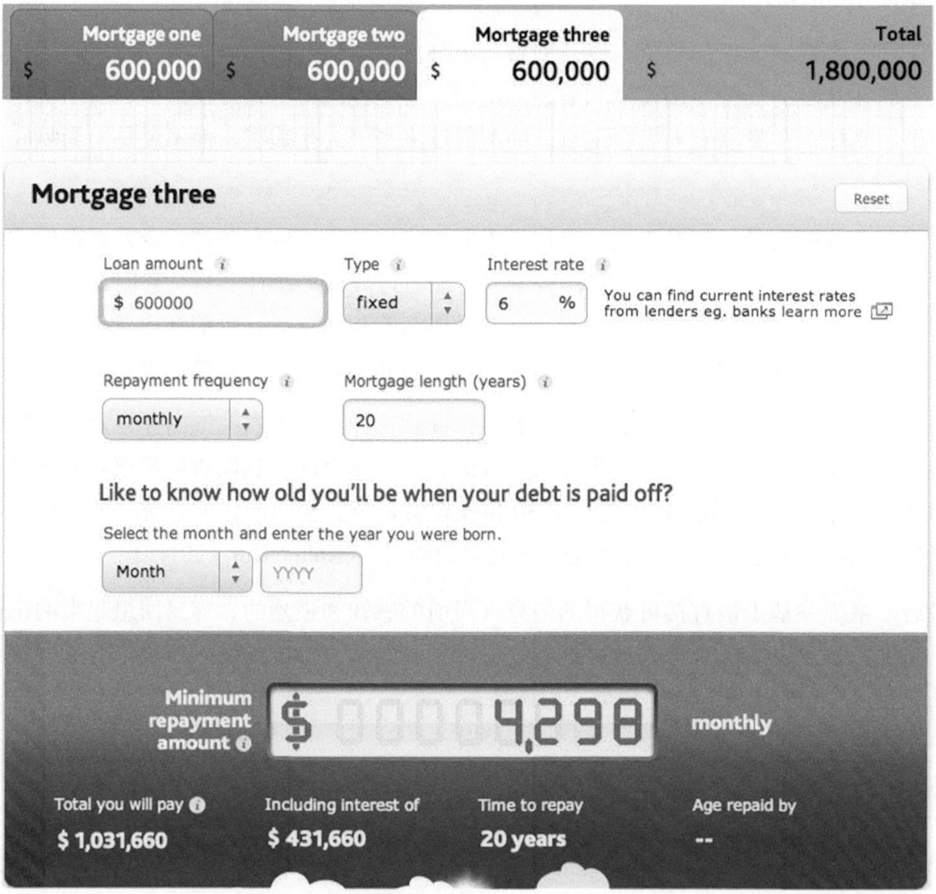

图 12-1

Sorted.org.nz 的贷款计算器帮助人们理解和选择贷款

在旧金山国际机场发生的空难，是人们不使用电脑帮忙、全靠人工而出现问题的一个例子。空难原因至少部分是因为飞行员试图使用人工降落技术而不是自动降落技术[①]（Weber，2013）。

可以说许多软件应用和商业网站的存在就是为了帮助人们决策判断。这些通常都是日常的决定，就像一些网站帮助人们选择购买哪些物品（见图 12-2）。这些网站通过将产品并排展示来比较价格、功能和可靠性，从而协助理性选择（系统二），并且通过产品评级和评价来反映用户满意度。

---

① 美国国家运输安全委员会（NTSB）官员的初步评估。

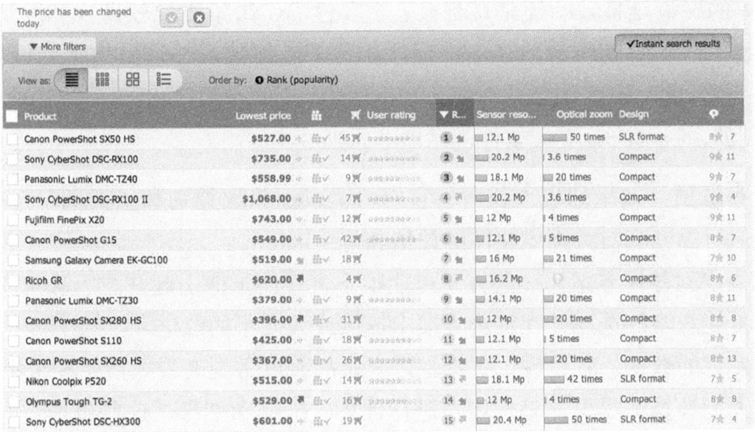

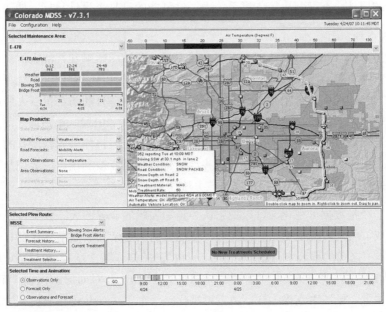

图 12-2
PriceSpy.co.nz 是个比较购物网站

　　然而，在日常生活之外的领域也有许多软件应用协助决策，比如探索油矿的位置、水库蓄水量的评估、准备上市新车的指导价格、保护区里能容纳多少濒危犀牛和大象，或者铲雪车最有效率的路线等（见图 12-3）。实际上，支持复杂决策的软件十分重要，它们有自己独有的、经过深入研究的分类，有专门的名称和缩写（决策支撑系统，DSS），有专门的学术期刊（如《决策支持系统》），有专门的教材、定期的学术会议，甚至专门的维基百科页面。

图 12-3
用来选择高效扫雪路线的决策支撑系统

不论被支撑的决策是日常的还是具有显著重要性的，决策支撑软件（和网站）都是为了帮助人们使用系统二，了解到所有的选项，理性和公平地评估，并且做出不受偏见影响的决定。要达到这样的目标并非易事，如之前在第 1 章里所解释的，人类的感觉和认知通常是有偏见的。但这是可以做到的，只要决策支撑软件遵循以下原则。

□ **提供所有选项。** 如果列表太长，将它们组织或抽象成类别和子类别，并提供摘要信息，这样人们可以立刻对类别做整体的评估和评价。

□ **帮助人们找到替代方案。** 一些方案可能很不直观而未能引起注意。决策支持系统能够揭示用户可能忽略的选项并在解决方案中提供或大或小的改进。

□ **提供无偏见的数据。** 就是说，数据是以客观的、可重现的方式产生和采集的。

□ **不要让人们计算。** 尽可能替代用户进行计算、推演和推导。这些事情是电脑擅长而不是人类擅长的。

□ **检查断言和假设。** 决策不仅仅基于数据，也基于假设和断言。决策支撑系统，尤其是那些支撑关键或者复杂决策的，应该让用户表明所做的假设和断言，并为用户对其做"合理性检查"。

数据可视化：利用系统一来帮助系统二

有人可能以为决策支撑系统的次要目标是将系统一，连同它的偏见、低要求和粗糙，都拒之于决策流程的门外。在某些决策支撑系统中，这可能的确是个设计目标。然而，还有另一个方法。

要理解这另一个方法，必须认识到系统一并不是一个试图影响和扰乱人们决策的、内在的"邪恶同胞"。它并不是要阻碍或者暗中破坏系统二。因为没有自主意识，系统一没有自己的目标。严格地说，它甚至不是个东西。系统一是一些半独立的、自动的、机器人般或者僵尸般的过程的集合，每一个过程都处理一个具体的场景（Eagleman, 2012）。虽然如之前所描述的，其中一些自动化过程具有对理性化决策产生负面影响的特性，但整体上大脑所有的自动化处理过程是帮助人们反应、生存和发展的。许多这些自动化过程可以被利用，或者说是"劫持"或者"收编"，来支持系统二的分析工作。这就是该方法的基础。

一种利用途径是数据可视化。可以把它认为是加强版的业务图表。数据可视化主要由许多自动的过程组成，利用人类视觉系统的优势，帮助人们从复杂的数据中感知到其中的关联。其中一些优势在本书之前的章节中已做了介绍：对结构的感知（第 2 章），对复杂环境的分析（第 2 章），对边界的感知（第 5 章），对运动的感知（第 8 章），和对面部的识别（第 9 章）。另一个优势是三维视觉。像决策支撑一样，数据可视化是一个很大（并还在成长）的领域，它有自己的名称[①]、定期的学术会议、期刊、教材以及维基百科页面。

城市地铁系统的示意图（非地理学性质的）是大家熟悉的数据可视化的简单例子（见图 12-4），非地理学性质的示意图在过去的一百多年里已经基本上取代了地理学性质的地图。地理位置、地标，甚至距离在地铁地图中已经不是很重要了，人们通常要看的都是哪条路线能去哪个地铁站，哪几条地铁线路联通，和某个目的地站是近还是远。地理地图提供不必要的信息，会混淆视听，而示意图能让人们很容易就获得他们想要知道的信息。

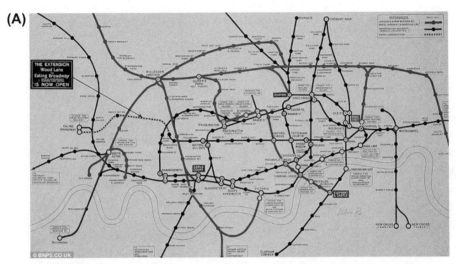

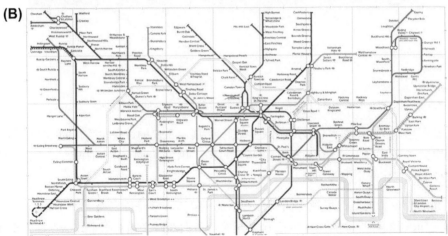

图 12-4

伦敦地铁地图：（A）1919 年的地理地图；（B）2013 年的示意地图。

---

①　一些研究者倾向于用信息可视化这一术语，或其简称 info viz。

一个更复杂和可交互的数据可视化例子是在第 2 章（见图 2-21）里介绍的 GapMinder 应用。它利用人类对运动的感知和一些格式塔原则，来展示在多年时间里，世界上各个国家在社会经济学（例如人均寿命、人均收入、国民收入等）上发生的变化。另一个可交互的、对随时间而变化的数据的可视化应用是 Web 从 2003 年到 2012 年之间是如何演进的（见图 12-5，http://www.evolutionoftheweb.com）。它使用了沿时间轴横向滚动的而不是动画的方式。

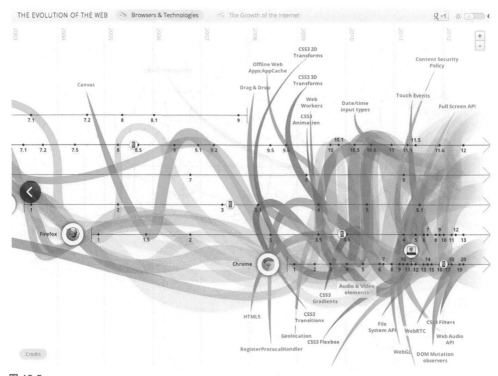

图 12-5
Web 的演变（2012）。资料来源：Hyperakt，Vizzuality，Google Chrome 团队

另一幅图用了同样的图形化技术（除了动画），展示重要的可视化著作的一些数据，它们的相对引用次数（见图 12-6），以及是如何相互关联的。因为是展示某个时间点而不是时间段上的数据，这样的可视化并不需要动画。

一个充满想象力的数据可视化例子是 Chernoff 脸谱，它是以发明者 Herman Chernoff 的脸来命名的（Tufte，2001）。科学家、工程师甚至管理员们经常必须对每个数据点都有很多维度的数据进行分析和分类。举一个简单的例子，在警方数据库中，一个人由他的名字、地址、电话号码、生日、身高、体重、眼睛的颜色、头发的颜色、交通罚单的次数、被判罪的次数等变量组成。银行账号也是由用户的名字、借记卡号码、支行号码、余额、利率、最低存储余额、存款期限、开户日期等组成。展示超过三个维度的数据很困难，尤其当科学家们需要看到数据是否有聚合性或者遵从某个可以预计的模式时。

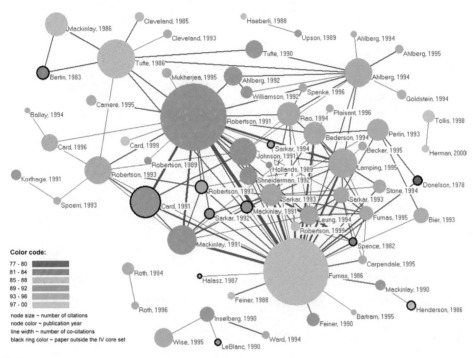

图 12-6

数据可视化的出版物、引文及其关系

Chernoff 发现人类的脸就是多维度的，包括整张脸的长和宽、颧骨的高度、鼻子的长度和宽度、下巴的宽度、双眼的间距、嘴的宽度、耳朵的高度和宽度、耳朵的位置等。他认为 18 个维度足够描述大部分人的脸，又知道人们能够非常好地识别和分辨人脸差异，即使差异微小。就如第 9 章所描述的，人们识辨人脸的能力是天生的，不需要学习。

Chernoff 推断因为人脸是多维度的，多维度的数据可以用示意图来表示，所以就利用了人们天生的人脸识别能力来帮助识别相似度、关联性和模式。Chernoff 脸谱（见图 12-7）已经被用在各种类型的数据上，从太阳系的行星到金融交易，不一而足。

数据可视化是一种利用系统一天生的自动视觉感知处理，来帮助系统二去理解复杂数据的方法。一个可视化形式要成功，必须以与人类视觉能力一致的方式呈现数据，而且不能触发视觉系统的缺陷（Robertson 等，1993；Ware，2012）。

图 12-7
Chernoff 脸谱

　　信息可视化的新近研究提供了使用 Chernoff 脸谱的更多支持论据。MIT 与哈佛的研究者发现，数据可视化如果加入了"人类可识别的对象"，比如人的图片，就更容易被人们记住。

说服和引导：诱导系统一，绕开系统二

　　鉴于系统一那么容易受影响，甚至被欺骗，在对用户决策和行为的影响上，交互系统如何展示信息的重要性就不言而喻了，它与信息本身一样重要。如果设计者要影响或者引导用户产生某个具体的反应，比如购买一件产品、加入某个组织、订阅某个服务、向某个慈善团体捐款、形成某个政治上的意见、以某种方式投票，它们可以"利用"系统一的特点来达到目的（Weinschenk，2009；Kahneman，2011）。

　　广告商和政治团队们非常了解这点，而且经常将它们的宣传设计得能够传递到受众的系统一（从而破坏系统二）。人们很容易将业余广告商、政治文案撰稿新手与专业人士区分开来。业余的文案撰稿人采用理性的论述和统计数据来支持自己的观点，试图获得人们系统二的赞同；专业人士则跳过统计数据，用强烈的故事来设计宣传，从而唤起恐惧、希望、满足、享受、性、金钱、名声、食物和更多的恐惧，以此绕过人们的系统二直击系统一（见图 12-8）。

　　如果软件和网站设计师企图说服和引导用户，也可以这么做（Weinschenk，2009）。这就产生了引导系统（Fogg，2002），它是决策支撑系统的对立面。当然，引导软件领域还在成长，有自己的名字、会议、教材和——对，你猜中了——维基百科页面。

图 12-8
成功的广告唤起人们的情绪

对比决策支持系统和引导系统

为了更好地了解决策支持系统和引导系统的差别，本书各选一例来比较，两个都是关于慈善捐款的。一个是 CharityNavigator.org（见图 12-9），它评估和比较慈善组织。另一个是 Feed My Starving Children，它是 CharityNavigator.org 所列组织中的一个（见图 12-10）。

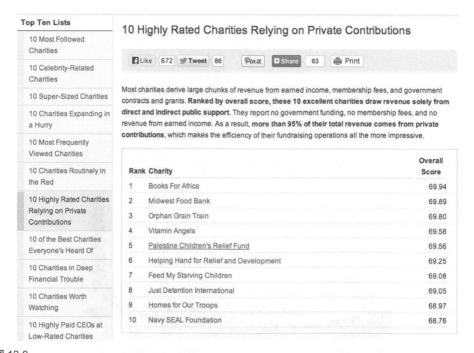

图 12-9

CharityNavigator.org 是一个比较慈善机构的决策支持网站

图 12-10

Feed My Starving Children（FMSC.org）是一个慈善救济组织

CharityNavigator.org 是一个决策支持网站，它帮助人们不受影响地判断去支持哪个慈善组织。为达到这个目标，它有若干标准来评估慈善组织，比如运营杂项开支占捐款的百分比，并给每个组织打了一个总分，便于人们比较。

与此相反，FMSC 网站的目标清晰，就是要引导网站访客向该组织捐款，他们从而能够向全世界的家庭提供粮食援助。网站的各方面，照片、标志、链接名称、文字描述，甚至该组织的名字，都是为了达到这个目的（见图 12-10）。这个网站不是为了帮助访客就支持 FMSC 还是其他粮食援助组织做一个理性的决定。决策支持既不是他们的目标也不是他们的责任，他们的网站就是为了引导（人们去捐款）。

本书并不是说决策支持是好的，而引导不好，也不是说 CharityNavigator.org 是好的，而 FMSC.org 不是。两个组织的目标和实践都是为了公益事业。引导可以是有益的，也经常是必需的。有人可能因为自己信任的朋友的推荐决定向 FMSC 捐款。而且，当系统一能够快速做出可接受的决定时，介入系统二去有条不紊地列举并理性地比较所有选项可能就是浪费。本书比较这两个网站的目的，就是展示决策支持系统和引导系统的差别。

电脑安全：物有所值吗？

在电脑和智能手机上做安全配置（比如数据备份和病毒防御）消耗实践、精力和金钱。用决策理论的术语来说，安全配置的成本产生一个小到中等的亏损。人们把确定会发生但亏损小与发生概率小但损失大（丢失所有数据或者数据被非法侵入）进行比较，有些人会购买保护措施，而有些人会决定选择冒险。

这看起来属于 Kahneman 和 Tversky 的四相图的右下角：低概率的大损失。该模式预言大部分人会选择规避风险，购买备份和病毒防护系统。然而，事实上，许多人忽视且不考虑购买保护措施，也因此巨大损失时有发生。最近的调查发现：

- 39% 到 51% 的美国消费者，一年以上备份一次或者从不备份文件（Budman，2011；Husted，2012）；
- 31% 的个人电脑用户曾经丢失过所有的文件，而且这些文件的平均估值超过 1 万美元，也就是说，这些文件的价值比电脑本身都要高（McAfee，2012）；
- 全球 17% 的 PC 没有病毒保护，美国稍差些，有 19%（McAfee，2012）。

这些调查结果提出了两组问题，一个给研究者们，另一个给设计者们。给研究者的问题是，结果明显不同于 Kahneman 和 Tversky 的预计：规避风险的人在面对大损失的小概率也会额外付钱购买保护。没有安装病毒防护的 PC 所占的百分比（17%）并未与四相模式冲突，大部分人（83%）的选择与预测一致。可以说甚至几乎或者完全没有备份数据的那 39%~51% 的 PC 也不与该理论矛盾，因为那意味着 49% 到 61% 的 PC 有备份。然而，占有这么高百分比（在一些调查里甚至略微更多）的计算机系统没有备份对该理论还是提出了挑战。

为什么四相模式说大多数人会备份数据而实际上那么多人没有呢？那些调查有多可靠呢？这个例子中的可变性与人们去赌场赌博、买彩票（表 12-1 左下角）、骑摩托车不戴头盔、安装烟雾报警器、不买保险或者续延产品保修所展示的可变性相关吗？这些问题的答案对想要提高计算机安全系统使用率的设计者来说，能够提供启示。

对设计者来说，问题是如何让更多人使用计算机和智能手机的安全保护（数据备份、病毒防护等）。一个明显的办法是，降低经济、实践和财务成本。让计算机的安全系统便宜些，安装简单和快速，容易使用，这样就会有更多人用。为了能让几乎所有人都用，就需要价格低廉，而且像烤面包机那样能简单安装和使用。

许多公司努力简化备份，并且大多数都声称它们的备份产品和服务是易于安装和使用的。但根据 2011 年和 2012 年的调查结果，40% 的用户不备份以及 19% 的用户不安装病毒防护，所以显然，计算机安全系统的若干成本还远远不够低到普遍采用的程度。这可以被视为用户界面设计师面临的挑战。

另一个给设计者的方法没那么显而易见：既然相比统计数据，人们更容易被紧密相关的故事所影响，那么提供备份和病毒防护软件的公司应该少引用统计数据，转而分享那些人们丢失数据或者电脑被病毒入侵的故事，最好是分享人们如何恢复数据和避免中毒的故事。

第 13 章

我们的手眼协调遵循规律

在电脑和手机屏幕上点击一个很小的按钮或者链接时，你可曾感到困难？在屏幕上让鼠标指针沿着狭窄路径到达菜单的选项或者链接时，是否难以控制？

也许是因为喝了太多咖啡或者刚服了药，也许是因为紧张、愤怒或者害怕，手会有些颤抖。有的人患有帕金森综合症，双手不停颤抖。有的人有关节炎，影响了手掌和手臂运动。还有的人受伤，手临时被石膏或者绷带所限。还有人用的是还不熟悉的屏幕指针定位设备。或者就是因为目标实在太小，运行的轨迹实在太狭窄。

实际上，在屏幕上定位某个对象和移动指针沿着受限的路径移动，都遵循一致的、可以量化的规律。

菲茨定律：指向目标

指向目标的定律根据其发现者保罗·菲茨（Paul Fitts）命名，因而被称作菲茨定律（Fitts，1954；Card 等，1983）。该定律解释的就是我们的直观感受：在屏幕上，目标越大，且越靠近起始位置，你就能越快地指向它。关于菲茨定律，大部分用户界面设计师只需要知道这些就够了，但若需要目标大小、距离和定位时间之间的精确关系，可以参考下面这个公式。

$$T = a + b \log_2 (1+D/W)$$

此处 T 是移动到目标所需的时间，D 是与目标的距离，W 是指针移动所到达的目标宽度。从这个公式可以看出，随着距离（D）增加，移动到目标所需的时间（T）也跟着增加，所需时间随着目标宽度（W）的增加而减少（见图 13-1）。

菲茨定律很普遍，它适用于任何类型的指向：鼠标、轨迹球、触控板、游戏操纵杆，甚至触摸屏上的手指。它也能适用于每个人，不论年龄、体能或者精神状态。但不同人的速度不一样，不同设备移动的速度也不一样，所以这个公式还包含了参数 a 和 b，以调整这些差异：a 代表启动和停止移动的容易程度，b 代表移动手和指向设备（如果有的话）的难度。

图 13-1
菲茨定律：指向时间取决于距离（D）和目标宽度（W）

菲茨定律中指向时间和目标大小之间的依赖关系可以通过考虑屏幕指针如何移动来理解。假设一个人看到屏幕上的目标并想要点击它。手和指向设备具有惯性，因此朝向目标的移动一开始比较缓慢，但会迅速加速直到接近某个最高速度。这个初始运动相当不精确，它实质上是朝目标大方向上没有太多控制的射击。我们称之为初始弹道，就像从大炮中发射炮弹。随着指针靠近目标，移动的速度随着人的手－眼反馈回路的控制开始慢下来。随着越拉越精细的纠正，直到指针被移到目标上，移动也慢慢停止（见图 13-2，由 Andy Cockburn 提供）。

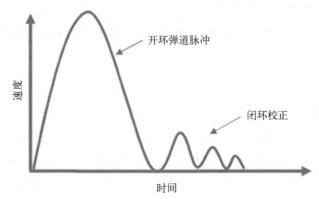

图 13-2
指针向目标移动的速度随时间变化

虽然菲茨定律的基本预测非常直观，即屏幕上目标越近越大就越快被点击到，但是它也指出了一些不那么直观的地方：目标距离越近或者目标尺寸越大，指向所需时间的减少就越不明显。如果你把一个很小的目标放大两倍，人们点击到它的时间就减少了，但如果你继续把它再放大两倍，点击到它的时间并不会跟着再减少一半。所以一旦超出了某个尺寸，把目标变得再大也不能提供太多帮助（见图 13-3），并且低于某个距离之后，更靠近目标也没什么明显作用。

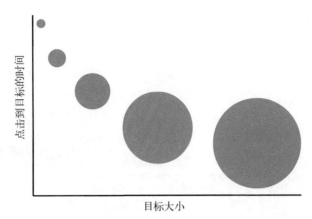

图 13-3
随着目标大小的增加，边际效益减小（如果 D 保持不变）

　　菲茨定律最后一个值得指出的预测是，如果指针或者手指的移动不能超出屏幕边缘，在边缘的目标就很容易被点到，人们可以就直接朝目标拖拽指针到边界停下，而不需要靠近目标时做缓慢、细微的调整。因此，从菲茨定律的角度看，屏幕边缘的目标可以被视为比实际尺寸要大得多。然而，这个边缘定位的细节主要适用于台式机和笔记本电脑，因为现在的智能手机和平板电脑都没有边缘去停止手指运动。

菲茨定律对设计的影响

　　菲茨定律是许多常见用户界面设计原则的基础。

❑ 目标（图形化按钮、菜单、链接）要足够大，容易让人们点击到。不要让人们点击细小的对象，像西部银行的在线银行网站那样（见图 13-4）。

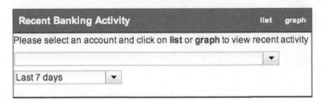

图 13-4
Bank of The West.com 的"列表"（list）和"图表"（graph）链接太小，难以点击

❑ 让实际可点击对象至少与看到的一样大。尤其是，不要展示大的按钮但只有很小区域接受点击（比如文字标签），这很让人崩溃，就像 Aging in American（AIA）2011 大会在他们的网站的导航按钮上做的那样（见图 13-5）。至少应该在点击目标的整个所见范围内接受点击，就像 ElderLawAnswers.com 所做的那样（见图 13-6）。如果可见目标必须

小（比如一段文字内的一个小单词），那么要将界面设计得使链接附近区域也能够接受点击。

图 13-5
AIA 2011 大会网站的导航按钮（左侧）仅仅接收标签上的点击

图 13-6
ElderLawAnswers.com 的导航按钮接收所有区域的点击

❑ 勾选框、单选框和切换开关等控件的文字标签应该像控件本身一样接收点击，从而扩大可点击区域。

❑ 在按钮和链接之间留出足够多空间，这样人们不必费力区分点击目标对象。

❑ 将重要的目标放置在靠近屏幕边缘位置，这样非常方便人们点击。

❑ 尽可能用弹出菜单或者饼状菜单显示多个选项（见图 13-7）。一般来说，使用它们比下拉菜单更快，因为它们的打开位置在指针附近而不是下方，所以用户能够更快移动到大部分的选项。然而，即使是下拉菜单也比右拉（行走式）菜单更快。

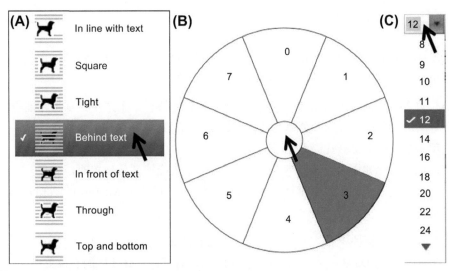

图 13-7
菜单类型：（A）弹出菜单；（B）饼状菜单；（C）下拉菜单

引导定律：沿着受限路径移动指针

　　引导屏幕指针沿着受限路径到达目标所需的时间，符合从菲茨定律推导而来的一个定律。这个定律就被顺理成章地命名为引导定律（Accot 和 Zhai，1997）。它表明如果你必须保持指针在一直受限的路径里移动并到达目标，那么路径越宽，你就能越快地将指针移动到目标（见图13-8）。它的公式要比菲茨定律简单：

$$T = a + b \, (D/W)$$

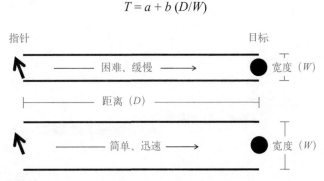

图 13-8
引导定律：指向的时间取决于距离（D）和路径宽度（W）

　　与菲茨定律一样，引导定律看起来就像是个常识：路径宽意味着不必小心地移动指针，就能迅雷不及掩耳地快速移动到目标。

引导定律对设计的影响

使用过单击设备或者触摸屏用户界面的人，都碰到过不得不引导屏幕指针或者手指沿着受限路径移动的情况。这些就是应用引导定律的地方。以下是两个例子。

❑ 右拉菜单（也称行走式菜单），就是必须将指针保持在一个菜单选项里才能再向右移动到它的子菜单里，否则，菜单会切换到该菜单选项的上一个或者下一个选项。每个菜单选项越窄，这个菜单就越不好用。

❑ 页面标尺（比如用来设置标签页），将一个标签页拖拽到新位置时，必须一直将指针保持在标尺内，否则标签页就动不了（就如最近几个版本的 Microsoft Word）。标尺越窄，移动越慢。

右拉菜单在应用软件中相当常见，比如 Apple 的 Safari 浏览器（见图 13-9）。一些应用软件，比如 DataTaker 的 DataLogger 产品（见图 13-10），有延伸了好几层的右拉菜单。

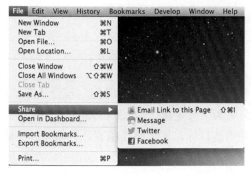

图 13-9

Apple 的 Safari 浏览器的右拉菜单

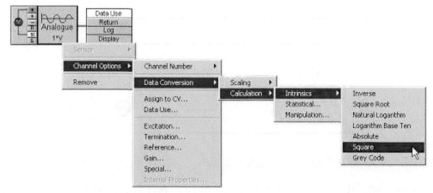

图 13-10

DataTaker 的 DataLogger 应用中的右拉菜单

　　想看拉宽指针移动路径怎么提高右拉菜单的使用速度，可以比较一家旅行网站的新旧版本，这是一家针对老年人的旅行网站。2012 年年中对该网站做了一次可用性测试，结果显示，该网站针对的目标年龄段人群很难通过网站的右拉菜单来选择旅行目的地（Finn 和 Johnson，2013）。到 2013 年初，网站的设计者显著加宽了菜单项，使得用户能够更容易也更快地选择感兴趣的旅行目的地（见图 13-11）。这就是引导定律起了作用。

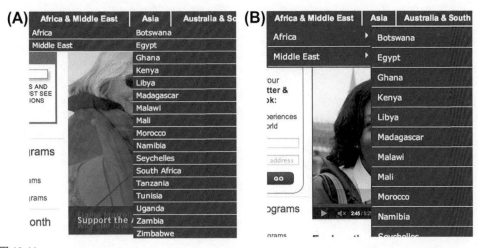

图 13-11

旅行网站：（A）2012 年窄的菜单选项；（B）2013 年变宽了的菜单选项

　　图形化用户界面（GUI）里的滚动条也曾经是受限路径：必须将指针保持在狭窄的垂直或者水平滚动条里拖动"电梯间"，否则，就无法控制滚动条。GUI 设计者们很快意识到这让滚动条用起来又慢又乏味，还容易出错，所以他们取消了限制。现在的滚动条允许你在其之外移动指针来拖动"电梯间"。它们只跟踪滚动条移动的方向，不再考虑任何垂直方向的运动。这个变化将原先的受限路径有效地扩展到整个屏幕，极大提高了滚动条的操作速度并消除了错误来源。引导定律又一次起了作用。

第 14 章

我们有时间要求

事件发生需要时间，感知物体和事件也需要时间，记住感知到的事件也需要时间，思考过去和将来的事件也需要时间，从事件中学习、执行计划和对感受到的和记忆中的事件做出反应都需要时间。需要多少时间呢？知道感觉和认知过程的时长又如何帮助我们设计交互系统呢？

本章将回答这些问题，展示感觉与认知过程的时长，并在其基础上提供交互系统必须达到的一些实时要求，使其能够与用户同步。无法与用户的时间要求较好同步的系统不能成为有效的工具，并会被用户认为是反应不灵敏。

感知的响应度可能看起来不如有效性重要，但实际上恰好相反。在过去的 50 年里，研究人员一致发现，一个交互系统的响应度，即能否跟上用户、及时告知他们当前状态而不让他们无故等待，是决定用户满意度的最重要的因素。它是最重要的因素，没有"之一"[1]。这要比容易学习或容易使用更重要。一个又一个的研究已经证实了这一发现（Barber & Lucas，1983；Carroll & Rosson，1984；Miller, 1968；Rushinek & Rushinek，1986；Shneiderman，1984；Thadhani，1981）。因此，对于交互系统来说，把握时间意味着一切，正如其对于影视界一样。

本章首先给出响应度的定义，然后列举出一些重要的人类感觉与认知的时间常量，并以交互系统设计的实时准则与例子作为结束。

响应度的定义

响应度与性能相关，但又不一样。性能是以单位时间里的计算次数来衡量的，响应度是以服从用户在时间上的要求及前面提到的用户满意度来衡量的。

---

[1] 对于用户感知网站加载速度的问题，有研究人员指出了不同的因果关系：用户在一个站点中取得的成就越多，就会认为站点的速度越快，尽管他们的评价往往与站点的实际速度有很大出入（Perfetti & Landesman，2001）。

高响应度的交互系统并不一定是高性能的。你打电话给某人咨询某个问题，他可以很快响应，即使无法立刻回答你的问题，他或许能先接下你的问题并承诺迟些电话回复。如果他能告诉你何时会答复你，那响应度就更好了。

高响应度的系统即使无法立刻完成用户的请求，也能让用户了解状况。它们对用户的操作和执行情况提供反馈，并且根据人类感觉、运动和认知的时长来安排反馈的优先顺序（Duis & Johnson，1990）。具体地说，它们能做到：

- ❏ 立刻告知已经接收到你的输入；
- ❏ 对操作需要多长时间完成提供一定的指示（见图 14-1）；
- ❏ 在等待时允许你去做其他事情；
- ❏ 能够智能地管理事件队列；
- ❏ 将系统内部管理和低优先级的任务放在后台运行；
- ❏ 对最常见的用户请求做出预期。

即使运行速度非常快，软件也可能有非常糟糕的响应度。就算一个修表匠能够非常快地修好表，如果只有在他修完一块表后才能招呼你，他的响应度就不够高。如果你把表交给他，他却一言不发地走开，而不告诉你他是去修你的表还是去吃饭，他的响应度也不高。即使他立刻开始开工修理你的表，但如果没有告诉你这得等五分钟还是五个小时，那么他的响应度也还是不高。

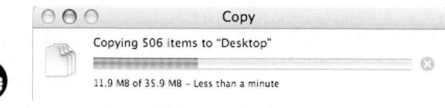

图 14-1
Mac OS X 上的文件传输：很好的进度指示、有用的预计时长和取消按钮（打了叉的圆形标记）

响应度糟糕的系统无法达到人类对时间的要求，无法与用户保持一致。不能对用户操作做出即时的反馈，用户就不能确定他们做了什么或者系统在做什么。用户在无法预期的时间里等待，还不知道得等上多久。用户的工作空间也被严重地限制。下面是一些响应度糟糕的具体例子：

- ❏ 对于按下按钮、滑动滚动条或者操作某对象的反馈迟缓；
- ❏ 耗时的操作阻断其他活动，还不能被取消（见图 14-2）；
- ❏ 对长时间运行的操作需要多长时间不提供任何线索（见图 14-2）；
- ❏ 断断续续、难以理解的动画效果；

❏ 执行用户没有请求的系统后台任务而忽略用户输入。

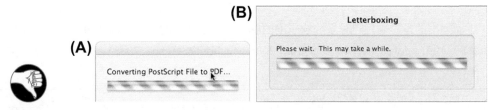

图 14-2

Mac OS X（A）和 iMovie（B）没有进度条（仅有一个忙碌条）并且无法取消。

这些问题降低了用户的工作效率，让用户觉得讨厌和抓狂。不过，虽然所有研究都表明响应度对用户满意度和工作效率来说非常关键，但是当今许多交互系统的响应度还是非常糟糕（Johnson，2007）。

人类大脑的许多时间常量

要理解人类用户对交互系统在时间上的要求，我们先从神经生理学开始。

人类大脑和神经系统并不是一个单一器官，相反，它们是由许多基于神经元的器官集合组成的，这些器官在由虫到人类的进化链上出现过在许多不同的阶段。这个集合提供了大量不同的感觉、调控、行动和认知的功能。毫不奇怪，这些功能的运行速度不同。一些非常块，能在几分之一秒内完成，而另一些则要慢上好几倍，需要几秒钟、几分钟、几小时甚至更长的时间才能完成。

举个例子，第 10 章解释了类似弹奏记忆中的乐谱这种无意识的操作至少比那些需要高度监控和控制的操作（比如作曲）快 10 倍。另一个例子是躲闪的反射动作：大脑中有一个从远古大脑进化而来的区域，叫做"上丘"，能够"看到"快速靠近的物体，并远在你的大脑皮层能够感觉和判断物体之前，命令你躲闪或者举起手臂遮挡。

附加内容提供了大脑的一些重要感觉和认知功能的时长。除了少数几个，大部分都不需要额外的解释。

我们的大脑需要多长时间去……？

下面列出的是影响我们对系统响应度的感觉的大脑功能的时长。以从短到长的顺序列出（Card 等，1991；Johnson，2007；Sousa，2005；Stafford & Webb，2005）。详细解释见后文。

表 14-1 感知与认知的时长

感觉与认知功能	时 长
声音中我们所能察觉到的最短沉默间隔	1ms（0.001s）
听觉神经细胞（大脑里最快的神经元）的峰电位之间最短的时间间隔	2ms（0.002s）
可见且能对我们产生影响（或许是无意识的）的视觉刺激的最短时长	5ms（0.005s）
用墨水笔书写时发现墨水延迟的最小时间间隔	10ms（0.01s）
连续声波之间通过听觉融合形成一个音调允许的最长间隔	20ms（0.02s）
连续图像之间可形成视觉融合的最长间隔	50ms（0.05s）
挠反射的速度（对危险的非自主的运动反应）	80ms（0.08s）
一个视觉事件与我们对它完整感知之间的时间差	100ms（0.1s）
眼跳（非自主的眼球运动）的时长，此期间视觉受到抑制	100ms（0.1s）
可使我们感觉一个事件产生另一个事件的连续事件之间最长的时间间隔	140ms（0.14s）
熟练的阅读者的大脑领会一个显示的单词需要的时间	150ms（0.15s）
从感觉上判断视野中 4 ~ 5 个物体的时间	200ms（0.2s，每个物体 50ms）
事件进入意识的编辑"窗口"	200ms（0.2s）
辨认出（说出）被展示的物品	250ms（0.25s）
在有超过 4 件物品的场景里默数出这些物品所需的时间	300ms（0.3s）
识别了一个事物之后的注意力暂失（对其他事物失去注意）	500ms（0.5s）
视觉—运动反应时间（对非预期事件的有目的的反应）	700ms（0.7s）
人们对话中交换发言时的最长沉默间隔	大约 1s
不受干扰地执行单一（单位）操作的时长	6~30s
在紧急情况下做一个关键性决定（比如医疗应急分配）所需的时间	1~5min
做一个重要的购买决定（比如买一辆车）的时间间隔	1~10 天
选择一个终身职业所需的时间	20 年

声音中我们所能察觉到的最短的沉默间隔：1ms（0.001s）

在短暂的事件和微小差距上，我们的听觉比视觉更敏感。我们的耳朵使用机械的声音传感器，而不是电化学神经电路。鼓膜将震动传送给听小骨（中耳耳骨），听小骨再将震动传送给耳蜗的毛细胞。毛细胞在震动时，激发电脉冲到大脑。因为联结是机械的，所以我们的耳朵对声音的反应要比视网膜的视椎细胞和视杆细胞对光的反应更快。这样的速度使得我们的听觉系统能够觉察出声音到达两耳的非常小的时间差异，大脑通过这个差异，计算出声源的方向。

可见且能对我们产生影响（或许是无意识的）的视觉刺激的最短时长：5ms (0.005s)

这是所谓潜意识知觉的基础。如果用5~10ms向你展现一幅图，你不会注意到它，但视觉系统的低层部分能够记录到。这样，接触到一幅图的一个结果就是你对它的熟悉度增加了，如果你迟些再看到这幅图，就会觉得熟悉。短暂地看到一幅图或者一个逼近的物体能够触发你的旧脑和中脑做出反应，包括逃避、恐惧、愤怒、难过、开心，即使画面在你能够识别之前就消失了。然而，与流行的观点相反，潜意识知觉不是行为的决定性因素。它不能让你做你不愿做的事，也不能让你想要你本不想要的东西（Stafford & Webb, 2005）。

挠反射的速度（对危险的非自主的运动反应）：80ms（0.08s）

当一个物体，即使是个影子，朝你快速靠近时，或者你听到身边巨大的声响时，又或者被突然地推、戳或者抓到时，你的反射动作就是躲避：抽身、闭上眼睛、抬手保护自己等。这就是挠反射。挠反射要比对感知到的事件的有意识反应快得多：快了近十倍。挠反射的反应速度不仅在实验中得到了证明，在对受到攻击或者遭遇车祸者的检查中也发现，通常他们的胳膊和手上的伤口证明他们能够在瞬间抬手保护自己（Blauer, 2007）。

一个视觉事件与我们对它完整感知之间的时间差：100ms（0.1s）

从外界事件的光线到达你的视网膜，到这个事件产生的神经脉冲到达你的大脑皮层，这之间的时间大约为0.1s。假设我们对这个世界的主观意识与现实之间有十分之一秒的差距，那么这个差距对我们的生存并没有什么帮助：十分之一秒对我们想捉住飞奔过草地的兔子来说太长了。但是，我们的大脑会对移动物体的位置以0.1s补偿进行推断。因此，当一只兔子从你的视野中跑过时，你看到它的位置是大脑的预测，而不是它0.1s前的位置（Stafford & Webb, 2005）。然而，你的大脑会在你感知到这些对象之前，对其顺序进行编辑（参见前文对编辑窗口的解释），如果奔跑的兔子突然左转，处于推断状态的大脑不会错误地让你认为兔子还在直行，也不必回溯之前的情况。

感知到"锁定"的事件和声音的时间阈限是：100ms（0.1s）

如果声音对相应视觉信号的延迟少于0.1秒，大脑就会将这两者"锁定"。如果你看到数百米之外有个人在打鼓，那么你会首先看到他打击鼓面，然后才听到声音。

离鼓手越近，延迟越小。但是，如果延迟小于100ms（大约在33.5米，或者是100英尺的距离），那么大脑会把视觉感知信息和听觉感知信息相"锁定"，你不再会感知到延迟。这一现象意味着，电视、电影、视频游戏和其他视觉媒体的编辑们在同步视觉画面和声音时，只要保证延迟时间不超过 100 毫秒，人们就不会感知到（Bilger，2011）。

眼跳（不自觉的眼动）时我们的视觉能力受到抑制，其持续时间小于 100ms（0.1s）

如第 6 章所述，我们的眼睛会经常性地不自主移动，大约每秒 3 次。这被称为眼球跳动或者眼跳。每次眼跳的持续时间大约为 1/10 秒，此时我们的视觉能力被抑制（也就是关闭），这种视觉的关闭被称为眼跳遮蔽（saccadic masking）。但是，我们并未注意到这些空白间隙。大脑剔除掉了这些空白间隙，在看到对象之前把视觉剪辑拼接在了一起，这使得眼跳好像不存在一样。你可以自行验证这一现象，站在镜子前面，看你的左眼，然后看右眼。在眼睛移动时，你看不到空白间隙，同时也从未注意到眼睛的移动。就好像这样的眼动不需要时间一样。然而，在你看你自己的眼睛时，其他人能看到你的眼睛在来回移动，能感知到从左移动到右所需的时间（Bilger，2011；Eagleman，2012）。

能感知到一个事件导致另一个事件的事件间最长时间间隔：140ms（0.14s）

这个时间间隔是感知因果的最长时限。如果一个交互系统延迟超过 0.14s 才对你的操作做出反应，你就不会觉得那个反应是你的操作造成的。例如，如果你敲打的字符要超过 140ms 才显示出来，你就不觉得那是你在输入那些字符。你的注意力将从文字的意义上转移到键盘敲击输入的动作上，从而导致速度下降，把打字这个自动处理动作转入了主动意识处理，并提高了出错的几率。

从感觉上判断视野中 4 ~ 5 个物体的时间：200ms（0.2s，每个物体 50ms）

如果有人往桌面上丢了两个硬币，问你一共多少个，你只需要瞄一眼就能看出是两个。你不需要明确地去数它们。对三个或者四个硬币，你也能做到。有些人五个也可以。超过四个或者五个，就变难了：你现在就得数，或者如果这些硬币碰巧分成几组落在桌面上，你就能分别感知每组多少个然后加起来。这个现象就是我们能够用刻度线来计数的原因。我们将四条刻度线分为一组，然后将第五条横穿过一组，就像这样：卌 卌 Ⅱ。这么计数感觉是瞬时的，其实不是。每项都要花去 50ms（Card 等，1983；Stafford & Webb，2005）。然而，这要比一个一个计数快得多了，那样数的话，每项要花去 300ms。

事件进入意识的编辑"窗口"：200ms（0.2s）

我们感受到的事件发生顺序并不一定就是它们发生的真实顺序。很明显，大脑有个200ms的移动"编辑窗口"，这期间感受到的和回忆起的东西竞相争取获得意识的提升。在这个时间窗内，可能提到意识层面的事件和记忆有可能被其他的取代，甚至是那些在时间窗后期出现的事件。在这个窗口中，事件也可能在被重新调整了顺序后进入意识。举一个例子，我们把一个消失后又出现在新位置的点看成是在移动。为什么呢？我们的大脑肯定不是靠"猜测"第二个点的位置再让我们看到朝那个方向的"幻影"运动，因为不论新的点在哪儿出现，我们看到它的运动方向总是正确的。答案是，第二个点出现在新位置前，我们其实并未察觉到运动。第二个点必须在第一个点消失的0.2s内出现才能让大脑重新组织事件的顺序（Stafford & Webb，2005；Eagleman，2012）。

识别了一个事物之后的注意力暂失（对其他事物失去注意）：500ms（0.5s）

正如本书第1章所述，这是我们的感知存在的一种偏见。简单地说：如果你正在注视某个物体，或者听到了某些声音，或者正集中注意力于某个人，那么你在大约半秒之内会处于对其他事物完全视而不见、听而不闻的状态。你的大脑正处于"忙碌"状态。

请一位同事帮忙，你就能演示注意力暂失。选两个目标单词告诉同事，然后告诉他你会读一串单词，读完之后你想知道这两个目标单词是否出现在这串单词里。快速地以每秒三个单词的速度读出一长串的单词。在这串单词某个位置，放上一个目标单词。如果这个单词之后第一或者第二个单词就是另一个目标单词的话，你的同事多半不会注意到它。

视觉—运动反应时间（对非预期事件的有目的的反应）：700ms（0.7s）

这个时长包括从你的视觉系统注意到环境中的某件事情、发起一个有意识的身体动作，到运动系统执行这个动作的时间。如果你开车到一个十字路口，这时红灯亮了，视觉—运动反应时间就是你注意到红灯、决定要停车并踩下刹车的时间。实际把车停下的时间当然不算在这700ms内。车子停下的时间由车速、路面条件等因素决定。

这个反应时间不是挠反射时间（旧脑对快速靠近的物体的反应，使你自动闭上眼睛、躲开或者抬手保护自己），挠反射要快出大约10倍（见上文）。

视觉—运动反应时间是估计值，不同的人稍有不同，也会随着干扰、困乏、血液中酒精水平以及年龄而增加。

人们对话中交换发言时的最长沉默间隔：大约 1s

这是正常的对话间隔的大约时长。当间隔超过它，谈话参与者，不论说话人还是听话人，经常会说些什么好让对话继续：他们插入"嗯"、"那个"，或者接过话题成为发言的人。听话人对此间隔的反应是把注意力转向是什么让发言人停下来。这个间隔的具体时长会因文化而异，但都在 0.5~2s 之间。

不受干扰地执行单一（单位）操作的时长：6~30s

当执行一个任务时，人们会把它分解成多个小的子任务。例如，在线购买机票由以下子任务组成：（1）去旅行公司或者航空公司网站，（2）输入行程信息，（3）查看结果，（4）选择一个航班，（5）提供信用卡信息，（6）检查购买信息，（7）完成购买。一些子任务可以继续细分，例如输入行程信息由输入出发地、目的地、日期等组成。这样就把任务分解成了子任务，这些子任务可以在注意力不被打断的条件下完成，并且这些子目标和子任务需要的所有信息要么存在当时工作记忆中，要么可以直接从环境中获得。这些最底层的子任务就叫做"单位任务"（Card 等，1983）。在子任务之间，人们往往从工作中抬头张望，看看是否有其他值得注意的事情，或许看看窗外、喝口咖啡什么的。各种活动，诸如文档编辑、输入支票本上的交易、设计电子电路和空战中的飞行操作中，都可以观察到单位任务，它们都差不多在 6~30s 时间内。

时间常数的工程近似法：数量级

交互系统应该设计得满足用户的时间要求。然而，要试着为这么多样的感觉与认知时间常数设计交互系统是几乎不可能的。

但设计交互系统的是工程师，不是科学家。我们不需要一一考虑与大脑相关的所有时间常数，我们只要把系统设计得能够为人工作就好了。这样粗略的需求让我们可以将许多感觉与认知上的时间常数合并为小的集合，从而更容易教学、记忆和在设计中使用。

审视之前展示的关键时长能够得到一些有用的分组。与声音相关的感觉时间都在毫秒级，所以我们可以把它们都归纳到那个值。至于是 1ms、2ms 还是 3ms，我们不在乎。我们只考虑到 10 倍的级别。

类似地，我们可以得到 10ms、100ms、1s、10s 和 100s 级的分组。100s 以上就超过了大多数交互设计者需要考虑的范围。因此，下面这些合并了的时间限制为设计交互系统提供了需要的精度。

- ❑ 0.001s（1ms）：能够被察觉到的最短的沉默间隔。
- ❑ 0.01s（10ms）：前意识（"潜意识"）的视觉感知，最短可察觉到的笔墨延迟，音频融合。
- ❑ 0.1s（100ms）：感知 1~4 个物体，非自发眼动（眼跳），因果关系的感知，感知－运动反馈，视觉融合，挠反射，辨别物体，自主意识的编辑"窗口"，自主意识到的"那一刻"。
- ❑ 1.0s：谈话中的平均间隔，有准备的视觉－运动反应时间，注意力暂失。
- ❑ 10s：单位任务、在任务上不可打断的注意力，一个复杂任务的一步。
- ❑ 100s（1.6min）：紧急情况下做关键决定的时间。

注意，以上这些时限形成了一个很方便的序列：每个都是前一个的 10 倍（即一个数量级）。这使得设计者很容易记住这个序列，虽然要记住每个时限还是有点儿难。

满足实时交互的设计

要让用户觉得响应度高，交互系统应遵循下面这些准则。

- ❑ 立刻告知用户已收到其动作，即使回应用户需要时间。保持用户对因果关系的感知。
- ❑ 让用户知道软件是否在忙。
- ❑ 在等待一个功能完成的同时允许用户做别的事情。
- ❑ 动画要做到平滑、清晰。
- ❑ 让用户能够终止（取消）他们不想要的长时间操作。
- ❑ 让用户知道长时间的操作需要多长时间。
- ❑ 尽可能让用户来掌控自己的工作节奏。

上面说的指导原则中，"立刻"意味着在 0.1s 之内。经过比这长得多的时间后，用户界面就将超出因果感知、反射动作、感知－运动反馈和自动化行为的范围，而进入对话间隔和有目的的行为范畴（见 14.2 节中"我们的大脑需要多长时间去……？"）。两秒钟后，系统超出了交换对话所期待的时长，进入了单位任务、做决定和计划安排的时长范围。

既然我们已经列出了人类感觉和认知上的时间常数，并把他们合并到简化了的小组中，我们就可以在上述的准则中对"立刻"、"需要时间"、"平稳地"以及"长时间"这些词进行定量（见表 14-2）。

表 14-2 人机交互的时间底线

时间底线	感觉和认知功能	交互系统设计的底线
0.001 s	□ 可检测到音频中无声间断的最短时间	□ 音频反馈（如声音、"听觉信号"或音乐）中断或缺漏不能超过这个时间
0.01 s	□ 潜意识的感知 □ 能够注意到的最短的"笔-墨"时延	□ 让人不知不觉中熟悉图像或符号 □ 生成不同音高的声调
0.1 s	□ 感知1~4项 □ 无意识的眼睛移动（眼急动） □ 挠反射 □ 因果关系感知 □ 知觉运动反馈 □ 视觉融合 □ 物体识别 □ 意识的编辑窗口期 □ 知觉的"瞬间"	□ 假定用户在100 ms内可以"接受"1~4个屏幕项，超过4个则每项要花300 ms □ 成功的手眼协调反馈，例如鼠标指针移动，通过鼠标移动、缩放、滚动或绘制对象 □ 点击按钮或链接的反馈 □ 显示"忙碌"标识 □ 允许发言的交叉重叠 □ 动画帧与帧之间最长的间隔时间
1 s	□ 最长的谈话间歇 □ 对意外事件的视觉运动反应时间 □ 可被注意到的"闪断"	□ 对于长时间操作显示进度指示条 □ 完成用户请求的操作，如打开窗口 □ 完成未请求的操作，如自动保存 □ 展示完信息后可用于其他计算（如启用原先禁用的对象）的时间 □ 展示完重要信息之后必要的等待时间（之后再继续展示其他信息）
10 s	□ 不会打断对某个任务的关注 □ 单元任务：较大任务的一部分	□ 完成多步任务中的一步，如在文本编辑器中的一次编辑 □ 完成用户对一次操作的输入 □ 完成向导（多页对话框）中的一步
100 s	□ 紧急情况下的重大决定	□ 假定已经提供了供决策用的所有信息，或者此时此刻这些信息都可以看到

0.001s（1ms）

如前所述，人类听觉系统对声音之间非常短的间隔很敏感。如果一个交互系统需要提供音频反馈或者内容，那么它的声音生成软件应该做到避免网络瓶颈、被置换、死锁以及其他干扰。否则，它就可能产生可被察觉到的间隔、破声或者音轨之间的不同步。音频反馈和内容应该由准时的进程提供，这些进程应有足够高的优先级和足够多的资源。

0.01s（10ms）

"潜意识"很少在交互系统中使用，因此我们不需要考虑它。在这需要提到的是，如果设计者想让用户在无意识的情况下提高对某些视觉符号或者图像的熟悉度，那么可以重复展示这些图片或者符号，每次 10ms 左右。还值得一提的是，非常短暂地接触一幅图像能够提高用户对它的熟悉度，但效果很弱，还不足以让人们喜欢或者不喜欢某件产品。

软件产生音调的一个办法是以不同频率发出咔哒声。如果咔哒声之间少于 10ms，听起来就像蜂鸣声，音调由咔哒声的频率决定。如果咔哒声间隔超过 10ms，用户就能听出单个的咔哒声了。

采用基于触摸笔输入的系统应确保电子"墨水"出现与触摸笔落笔之间的时间间隔不超过 10ms，否则用户就会注意到时延并觉得恼火。

0.1s（100ms）

如果软件对用户的动作显示反馈用了超过 0.1s，因果关系的感知就被打破了。软件的反馈也就不会被视为对用户动作的反应。因此，屏幕上的按钮在被点击后有 0.1s 的时间去显示，否则用户就会觉得自己没点到而再点一次。这不是说按钮必须在 0.1s 内完成它的功能，只是说按钮必须在 0.1s 内显示它们被按下了。

关于挠反射的设计要点是，交互系统不应使用户受到惊吓而导致反射动作。除此之外，挠反射和它的时长与交互系统关系不大。在人机交互中很难想象能够通过挠反射获得有益的应用，但可以想象的是，具有高音量、有突然触觉刺激的游戏杆或者三维虚拟视觉环境的游戏在某些情境下可能有意触发用户挠反射。例如，一辆车感应到了将要发生的碰撞，可以做出某些动作触发乘客的反射动作从而在碰撞时保护自己。

如果一个正在被用户拖曳或者调整大小的对象对用户的动作有 0.1s 的时延，用户就难以对它做期望的放置或者调整。因此，交互系统应该将手眼协调任务的优先级调高，从而保证反馈的时延在这个时限之内。如果无法达到这个目标，系统就不应被设计成需要紧密的手眼协调。

如果完成一个操作的耗时超过感知的"时刻"（0.1s），应显示一个忙碌标识。如果忙碌标识能够在 0.1s 内出现，还能作为确认动作的标识。否则，软件的反馈应有两个部分：一个在 0.1s 内的快速确认，并在 1s 内跟着一个忙碌（或者进度）标识。关于显示忙碌标识的指导见下文。

大脑能够在这个大致的时间窗内在事件进入意识前对它们进行重新排序。人类语言非常容易被这样的重新排序影响。如果你在听几个人谈话，并且有人在别人说完之前就开始发言（在这个时间窗内），你的大脑就能够自动调整让你能够听到有序的发言，而不感觉到重叠。电视和电影有时就利用这个现象来加速那些在正常情况下耗时太长的对话。

我们认为，大约每秒 10 帧是视觉上流畅动画的最小帧率，虽然真正的流畅动画的帧率要求是每秒 20 帧。

1.0s

因为 1s 是对话中可以有的最长间隔，又因为交互系统的操作是一个对话的形式，所以交互系统应避免自己一方的长时间间隔。否则，人类用户就会怀疑发生了什么。系统有 1s 的时间去执行用户要求做的或者标识出操作需要多少时间。要不然，用户就会失去耐心。

如果一个操作要耗时几秒钟，就需要一个进度指示。在交互系统中，进度指示是系统一方保持对对话协议的遵守："我在处理这个问题，这是我目前的进度，还需要这么多时间才能完成。"关于进度指示的更多指导原则见下文。

对一个未预料的事件做有准备的反应，最短时间大约也是 1s。因此，当信息突然出现在屏幕上时，设计者可以假设用户需要 1s 做出反应（除非它导致了挠反射，见上文）。这个时延在系统需要显示一个交互对象但无法在 0.1s 内完成渲染和交互准备时就有用了。实际上，系统可以显示一个"伪造的"、不可交互的版本，然后再花时间（1s）去填补细节，让对象完成可交互的准备。如今的电脑在 1s 内已经可以做很多事情了。

10s

10s 大约是人们通常将计划安排和大块任务进行分解的时间单位。单位任务的例子有：在一个文本编辑应用程序中完成单一的编辑，在银行账户程序中输入一个交易，在空战中完成一次机动转向。软件应支持对任务做 10s 一块的分解。

10s 也差不多是用户愿意花费在"重量级"操作上的时间，例如文件交换和搜索。如果更长，用户就开始失去信心。如果系统提供了进度反馈，操作的时间可以更长些。

类似地，多页"向导"对话框中的每一步应该最多消耗用户 10s 时间。如果其中一步要耗费显著多于 10s 才可完成，这多半应被分解为多个更小的步骤。

100s（约 1.5min）

支持快速关键决策的交互系统应做如下设计：所有需要信息都显示在决策者眼前，或者可以通过最小量的浏览和搜索，容易地获得。此类情况下最好的用户界面是，用户只要朝显示的地方移动眼球，就可以获得所有重要信息[1]（Isaacs & Walendowski，2001）。

---

① 有时称"无点击"界面。

达到高响应度交互系统的其他指导原则

除了以上对具体人机交互时限的设计指导规则，还有其他使交互系统达到高响应度的一般性指导原则。

使用忙碌标识

忙碌标识的复杂度有所不同。在低复杂度端，我们有简单的静态等待光标（例如，一个沙漏）。除了告知软件目前正在运行无法响应用户操作之外，没有提供其他信息。

接下来，使用动画等待标识。其中一些是动画等待光标，比如 Mac OS 上的旋转色轮。一些不是光标而是在屏幕某处较大的图像，例如一些浏览器中"正在载入数据"的动态显示。动画的等待标识比静态的对用户更友好，因为它们显示系统正在工作，而不是崩溃或者挂起以等待网络连接或数据解锁。当然，忙碌的动态标识应与其代表的实际计算相同步。被简单调用而独立运行的动态等待标识不是真实的忙碌标识：即使所代表的处理已经挂起或者崩溃了，它们也还在跑着，因此误导了用户。

一个不使用忙碌标识的常见借口是操作很快就会结束，因此不需要显示忙碌标识。但多快才是"快"？万一操作不是每次都很快执行完呢？如果用户的电脑比开发者的电脑慢很多，或者没有优化呢？如果操作要读取的数据一时被锁住了呢？再如果操作需要访问网络服务而网络此时拥堵或者断线了呢？

软件应为在运行时会阻止用户继续下一步的任何操作显示一个忙碌标识，即使这个操作通常能够很快执行完毕（比如在 0.1s 内）。万一操作堵塞或者死机，这个标识对用户可能是非常有用的。再进一步，它没有任何坏处：当操作以平常的速度运行时，标识很快地显示后再消失，用户几乎不会察觉到。

使用用户进度指示

进度标识要比忙碌标识更好，因为它让用户看到还剩下多少时间。再重复一次：显示进度标识的时限是 1s。

进度标识可以是图形的（例如一个进度条），也可以是文字的（例如文件复制时的计数器），或者图形与文字合并起来。它们极大地提高了应用程序的响应度，虽然并没有缩短操作完成需要的时间。

任何超过几秒钟时间的操作都应有一个进度标识。操作的时间越长，进度标识就越重要。许多非电脑的设备都提供进度标识，我们也就往往把它们视为理所当然的。不显示当前在哪一层的电梯是让人恼火的。大多数人都不喜欢没有显示此次操作还剩下多少时间的微波炉。

以下是设计有效进度标识的一些指导原则（McInerney & Li，2002）。

- ❑ 显示还剩下多少工作，不是完成了多少。这么说不好："已经复制了 3 个文件。"这么说才好："已经复制了 4 个文件中的 3 个。"
- ❑ 显示总进度，而不是当前步骤的进度。这么说不好："此步骤还有 5s。"这么说才好："还剩下 15s。"
- ❑ 显示一个操作已经完成了的百分比时，从 1% 开始，而不是 0%。如果进度条在 0% 上超过了 1~2s，用户就会开始担心。
- ❑ 类似地，在操作结束时，只要非常短暂地显示 100%。如果一个进度条在 100% 的地方超过 1~2s，用户就会以为出问题了。
- ❑ 进度的显示应是平缓的、线性的而不是不稳定、爆发式的。
- ❑ 用人们平时使用的而不是电脑用的精度。这么说不好："240s。"这么说才好："大约 4min。"

单位任务内的延迟比单位任务之间的延迟麻烦

单位任务的有用之处不仅在于它是一种了解用户如何（以及为何）分解大型任务的方式，它们还帮我们深入了解系统的反应延时在什么时候是最有害或者令人讨厌的，而什么时候是最无害也最不令人讨厌的。

在一个单位任务执行的时候，用户将目标和所需信息保存在工作记忆中或者知觉区内。在完成一项单位任务后，移向下一个任务前，他们会放松一下，再把下一个任务所需的信息放进记忆或者视野内。

因为单位任务是工作记忆和感知区域必须保持相当稳定的时间段，所以期间非预期的系统延迟是特别有害和令人厌恶的。它们能够让用户忘记一些甚至全部的当前工作状态。相对来说，单位任务之间的系统延迟就不那么有害或者讨厌了，即使它们会降低用户的整体工作效率。

在单位任务间和单位任务内系统反应延迟造成影响的差异在用户界面设计指导原则中用的词是任务"封闭性"，如用户界面设计手册的经典著作《人机界面设计指导原则》（Brown，1988）中提到的。

一个决定反应延迟是否可接受的关键因素是封闭性的高低。……一个在主要单位工作结束后的延迟并不会困扰用户或者对性能有负面影响。然而，在较大单位任务中小步骤之间的延迟可能就会让用户忘记计划中的下一个步骤。总的来说，有高度封闭性的动作，例如保存一个文档，对延迟较不敏感。封闭性低的操作，例如敲击字符并看到它在屏幕上显示出来，对反应时间延迟更敏感。

底线就是：如果一个系统有延迟，应把延迟放在单位任务之间，而不是之内。

先显示重要的信息

通过先显示重要的信息再显示详细的辅助信息，可以使交互系统看起来速度很快。不要等到所有显示内容完全渲染后才让用户看到。给用户一些东西去动动脑子，同时运行系统。

这样做有不少好处。首先，可以把用户的注意力从关注其他尚未呈现的信息转移开，并让用户相信计算机很快就能对他们的问题给出答案。其次，研究表明，相对于进度指示器，用户更喜欢看到逐步深入的结果（Geelhoed，Toft，Roberts & Hyland，1995）。逐步显示的结果，可以让用户提前计划下一个单元任务。最后，由于存在前述用户对所见对象有意识地做出反应的最短时间，在用户想执行任何操作之前，系统都至少可以有 1min 以上的准备时间。下面举几个例子。

- **文档编辑软件**。打开文档时，文档编辑软件会在第一时间打开第一页，而不会等到加载完整个文档后才打开。
- **Web 或数据库搜索引擎**。在搜索时，搜索引擎会在找到结果后就立即显示出来，同时再搜索更多匹配内容。

高分辨率的图像渲染起来比较慢，这个问题在 Web 浏览器中特别突出。为了减少用户对渲染图像的感知时间，系统可以先迅速渲染出低分辨率的图像，然后再重新渲染出高分辨率的图像。由于人的视觉系统对图像具有整体感知的特点，因此这样就比慢吞吞地从上至下显示高分辨率的图像给人的感觉更快（见图 14-3）。有一个例外是，不推荐对文本先显示低分辨率版，再显示高分辨率版，因为这样会让用户感觉不舒服（Geelhoed et al.，1995）。

在手眼协调的任务中伪装重量级计算

在交互系统中，一些用户动作要求通过手眼协调来快速连续地调整，直到任务完成。这样的例子包括滚动翻阅文档，移动游戏中的角色穿过场地，调整窗口大小或者把一个对象拖曳到新的位置上。如果反馈迟于用户动作超过 0.1s，用户完成目标就有困难。如果你的系统无法足够快地更新显示来达到这个手眼协调的时限，就可以先提供一个轻量级的模拟反馈，直到目标达到然后再执行真实的操作。

图像编辑器在用户尝试移动或者缩放对象时提供的橡皮带轮廓就是伪造了反馈。一些文档编辑软件对文档内部数据结构做快速临时的修改来代表用户操作的效果，之后再整理优化。

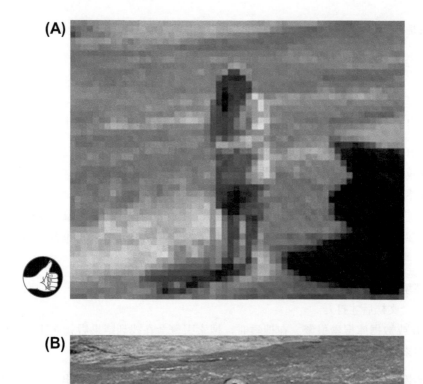

(A)

(B)

图 14-3
如果显示一幅图像要花两秒钟以上的时间，可以先显示一幅完整的低分辨率图像（A 图），而不是从上到下
慢慢显示出高分辨率图像（B 图）

提前处理

尽可能赶在用户之前做处理。软件可以利用系统负载低的时候提前计算对高优先级请求的反应。因为用户是人，就一定会有系统负载低的时候。交互系统大部分时间里往往是在等待用户的输入。不要浪费时间！利用这些时间为用户可能想要的事情做准备。如果用户没有请求那些事情呢？无所谓，反正软件是在"空闲"时间里做的，又不占用其他时间。以下是一些使用后台处理在用户要求之前完成工作的例子。

- ❑ 一个文本搜索功能在你查看当前目标单词时，已经在查找目标单词出现的下一个位置。当你要它找下一个时，它已经找到了，也就显得非常快了。
- ❑ 一个文档查看程序在你查看当前页的同时已经在渲染下一页，当你要看下一页时，它已经准备好了。

根据用户输入的优先级而不是输入的顺序来处理

任务完成的顺序通常很重要。盲目地按照请求的顺序去执行任务就可能浪费时间和资源，甚至事倍功半。交互系统应该寻找机会对要做的任务进行重新排列。有时重新排列任务能够让整组任务完成得更有效率。

航空公司员工会在登机手续办理处的长队中，寻找那些航班马上要起飞的乘客并尽快帮他们办理登机手续，这使用的就是非顺序输入处理。网页浏览器在用户点击后退或者停止按钮，或者点击另一个链接后，应该马上停止载入和显示当前页面。考虑到载入页面和显示页面所需的时间，对用户接受度来说，能够终止页面载入是很关键的。

监控时间承诺，降低工作质量来保证不落后

交互系统应能够衡量它是否达到实时的时限标准。如果没有达到或者确定发现存在错过期限的风险，它可以采用更简单、更快的方法，通常是以临时降低输出质量为解决方法。这种方式必须基于真正的时间，而不是处理器的时钟，从而能够在不同电脑上都获得同样的响应度。

一些交互动画使用这样的技术。如之前描述的，要看起来平滑，动画需要每秒 20 帧的速率。在 20 世纪 80 年代后期，施乐公司 Palo Alto 研究中心（PARC）为展示交互动画开发了一个软件引擎，它将帧率当做动画最重要的一方面（Robertson，Card & Mackinlay，1989，1993）。如果图形引擎因为图形复杂，或者用户正在与其交互，难以保持最小的帧率，它就将简化自己的渲染工作，牺牲例如文字标记、三维效果和高光与阴影以及颜色等细节。这个想法的出发点在于，宁可临时降低动画的三维效果也不能将帧率降到限度之下。

PARC 开发的 Cone Tree 就基于这个图形引擎。它对层级结构的数据，比如文件夹和次级文件夹（见图 14-4）进行交互的展示。用户能够抓取树的任何部分并旋转它。当树在旋转时，软件可能没有足够的时间在保持动画平滑的同时，对每一帧的细节进行渲染，那么为了节省时间，它就可能把文件名的标签渲染为黑色块而不是文字。当用户停止旋转树时，它再对所有细节进行渲染。大多数用户在图形移动过程中不会注意到图形质量的降低，因为他们将无法看清标签上的字归咎于运动导致的模糊。

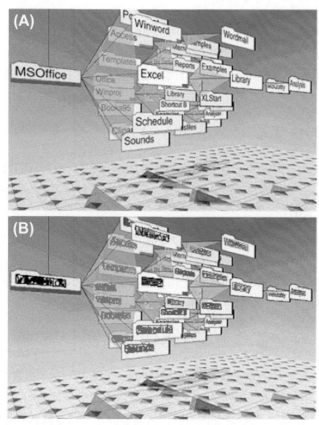

图 14-4

Cone Tree（A 图）在用户旋转树的时候，把文件夹标签渲染成图块（B 图）

提供及时反馈，即使网页也应如此

网络应用的开发者可能会将以上的时间限制视为幻想而不予理睬。

的确，要在网页上达到这些时限要求很难，经常是不可能的。然而，这些时限也是心理上的时间常数，上百年进化后存在于我们脑子里，控制着我们对响应度的感知。我们不可以随心所欲地调整它们，使其适应网络或者任意技术平台的限制。如果一个交互系统无法满足这些时限，即使它是网页应用，用户还是会认为它的响应度很差。这就意味着大部分网页软件的响应度都很低。问题是：设计者和开发者们如何能够在网页上尽可能提高响应？下面是一些对策。

- 尽可能减小图片的尺寸和数量。
- 提供快速显示的缩略图或者概略图，想办法只在需要的时候才显示细节。
- 当数据量太大或者一次显示太消耗时间时，让系统提供一个所有数据的概览，并允许用户深入到他们所需要数据的具体部分和细节层面。
- 使用层叠样式表（CSS）来对页面渲染和布局，不要使用展示性的 HTML、框架或者表格。
- 使用浏览器内置组件，比如错误提示框，而不是用 HTML 来创建自己的提示框。
- 下载小程序和脚本至浏览器，以减少用户交互所需的互联网流量。

实现高响应度是重要的

通过遵循本章介绍的指导规范和 Johnson（2007）提到的更多关于响应度指导规范，交互设计者和开发人员就能够创造满足人类实时限制要求的系统并使得用户对响应度感到满意。

然而软件业界必须认识到下面这些关于响应度的事实。

- 对用户来说响应度很重要。
- 与性能不同，响应度的问题不是仅仅靠优化性能或者使用更快的硬件就能够解决的。
- 响应度是设计问题，不仅仅是实现问题。

历史经验告诉我们，更快的处理器不能解决这个问题。今天的个人电脑与 30 年前的超级电脑差不多快，但人们还总是在等他们的电脑响应，抱怨响应度不够。10 年后，当个人电脑和电子设备与今天最强大的超级电脑一样强大时，响应度仍会是一个问题，因为那时的软件将对机器和连接它们的网络有更高的要求。例如，今天的文字和文档编辑软件能够在后台进行拼写检查，将来的版本可能在后台进行基于互联网的实时检查。而且，10 年后的软件还可能有以下这些能力和技术：

- 演绎推理；
- 图像识别；
- 实时语音生成与识别；
- 下载 TB 级的文件；
- 家庭设备之间的无线通信；
- 上千个远程数据库的数据整理与校对；
- 对整个网络的复杂搜索。

结果就是，与今天的系统相比，将来的系统将交给电脑更重的负荷。历史已经显示，随着电脑变得越来越强大，其大量的能力都被要求更高处理能力的应用所占用。因此，尽管性能不断攀升，响应度的问题还是永远不会消失。

关于影响了响应度的设计缺陷、高响应度系统的设计准则，以及更多实现高响应度的技巧，参见 *GUI Bloopers 2.0: Common User Interface Design Don'ts and Dos*（Johnson，2007）。

总结

在引言中，我陈述了在实际设计中应用交互设计准则不是无需动脑的简单工作。总有各种各样的限制出现，逼着我们做出权衡取舍。设计者有时为了遵循一条准则而不得不打破另一条准则，因此他们必须有能力决定在某种情况下哪条准则更重要。

这就是为什么交互设计是一门技艺，而不是按部就班谁都可以照做的。学习这门技艺不仅要学习设计准则，而且要学习在不同的设计环境下如何判断使用哪条规则。

本书的目的是简要地提供交互设计准则所基于的人类感觉和认知心理学背景。现在你已经有了这些背景知识，希望你所应用的任何用户界面设计准则看起来都更合理了。这些准则看起来不再像某个用户界面设计大师随意制定的规则了。现在也应该很清晰地看到，所有用户界面设计准则（见附录）的基础都是一样的。你现在能够更好地在实际的设计环境中解释、权衡和应用用户界面设计准则。

提醒

技术，尤其是计算机技术，发展迅速。最新的计算机交互系统变化如此之快，难以保证在一本书出版后，其中提到的某个技术和设计不会过时。

另一方面，关于人们如何感知、学习和思考的基本知识变化并不快。人类的感觉和认知的基本运转在这几百年甚至几千年里相当稳定。从长远来看，人类的感觉和认知将继续进化，但并不会在本书所处的时间跨度之内发生。然而，人们已经在使用技术去提高我们的感知、记忆和思考——这个趋势将继续下去。因此，人类的感知和思考能力在这几十年内将随着工具的普及和进步以及我们对工具的日渐依赖而发生变化。

第三个方面，人类对于自身感觉和认知的认识，像计算机技术一样，在快速发展。尤其是在过去的 20 年里，依靠功能 MRI、眼动跟踪系统和神经网络模拟这样的研究工具，我们对人脑是如何工作的理解有了巨大提高。这使得认知心理学从仅仅能够预测行为的"黑箱"模型发展到能够解释人脑如何处理和存储信息并产生行为。出于它们对设计者的价值，这本书中我尝试理解和展示其中一些令人兴奋的新发现。因为我知道，就像计算机技术一样，人类认知心理学最前沿的知识也将继续发展，本书的内容可能很快就过时了。对于设计者来说，了解人们如何感知和思考的知识（大部分都是正确的），并基于此向前迈进，要远胜于对这些一无所知。

著名的用户界面设计准则

下面是已经发表过的一些用户界面设计准则。

Norman（1983A）

从研究中得到的推论

- ❑ 模式错误意味着需要更好的反馈。
- ❑ 描述错误说明需要更好的系统配置。
- ❑ 缺乏一致性会导致错误。
- ❑ 获取错误意味着需要避免相互重叠的命令序列。
- ❑ 激活的问题说明了提醒的重要性。
- ❑ 人会犯错，所以要让系统对错误不敏感。

教训

- ❑ **反馈**　用户应该能够清楚地了解系统的状态。最好是以清晰明确的形式展现系统状态，从而避免在对模式的判断上犯错。
- ❑ **响应序列的相似度**　不同类型的操作应有非常不同的指令序列（或者菜单操作模式），从而避免用户在响应的获取和描述上犯错。
- ❑ **操作应该是可逆的**　应尽可能可逆。对有重要后果且不可逆的操作，应提高难度以防止误操作。
- ❑ **系统的一致性**　系统在其结构和指令设计上应保持一致的风格，从而尽量减少用户因记错或者记不起如何操作而引发问题。

Shneiderman（1987）；Shneiderman & Plaisant（2009）

- ❑ 力争一致性。
- ❑ 提供全面的可用性。
- ❑ 提供信息充足的反馈。
- ❑ 设计任务流程以完成任务。
- ❑ 预防错误。
- ❑ 允许容易的操作反转。
- ❑ 让用户觉得他们在掌控。
- ❑ 尽可能减轻短期记忆的负担。

Nielsen & Molich（1990）

- ❑ 一致性和标准化设计。
- ❑ 系统状态的可见性。
- ❑ 系统与真实世界的匹配。
- ❑ 用户的控制与自由。
- ❑ 预防错误的出现。
- ❑ 促使用户识别，而不是回忆。
- ❑ 使用应灵活高效。
- ❑ 注重美学和极简式设计。
- ❑ 帮助用户识别、诊断错误，并从中恢复。
- ❑ 提供在线文档和帮助。

Nielsen & Mack（1994）

- ❑ 保证系统状态的可视性。
- ❑ 系统与现实世界的匹配。
- ❑ 给予用户控制权和自由。
- ❑ 一致性和标准化设计。
- ❑ 预防错误的出现。
- ❑ 促使用户识别，而不是回忆。
- ❑ 使用应灵活高效。
- ❑ 注重美学和极简式设计。
- ❑ 帮助用户识别、诊断错误，并从中恢复。

❑ 提供在线文档和帮助。

Stone 等（2005）

❑ **可见性**　朝向目标的第一步应该清晰。
❑ **自解释**　控件本身能够提示使用方法。
❑ **反馈**　对已经发生了或者正在发生的情况提供清晰的说明。
❑ **简单化**　尽可能简单并能专注具体任务。
❑ **结构**　内容组织应有条理。
❑ **一致性**　相似从而可预期。
❑ **容错性**　避免错误，能够从错误中恢复。
❑ **可访问性**　即使有故障，访问设备或者环境条件存在制约，也要使所有目标用户都能够使用。

Johnson（2007）

原则 1：专注于用户和他们的任务，而不是技术

❑ 了解用户。
❑ 了解所执行的任务。
❑ 考虑软件运行环境。

原则 2：先考虑功能，再考虑展示

❑ 开发一个概念模型。

原则 3：站在用户的角度看任务

❑ 要争取尽可能自然。
❑ 使用用户所用的词汇，而不是自己创造的。
❑ 封装，不暴露程序的内部运作。
❑ 找到功能与复杂度的平衡点。

原则 4：为常见的情况而设计

❑ 保证常见的结果容易实现。

- ❏ 两类"常见":"很多人"与"很经常"。
- ❏ 为核心情况而设计,不要纠结于"边缘"情况。

原则 5:不要把用户的任务复杂化

- ❏ 不给用户额外的问题。
- ❏ 清除那些用户经过琢磨推导才会用的东西。

原则 6:方便学习

- ❏ "从外向内"而不是"从内向外"思考。
- ❏ 一致,一致,还是一致。
- ❏ 提供一个低风险的学习环境。

原则 7:传递信息,而不是数据

- ❏ 仔细设计显示,争取专业的帮助。
- ❏ 屏幕是用户的。
- ❏ 保持显示的惯性。

原则 8:为响应度而设计

- ❏ 即刻确认用户的操作。
- ❏ 让用户知道软件是否在忙。
- ❏ 在等待时允许用户做别的事情。
- ❏ 动画要做到平滑和清晰。
- ❏ 让用户能够终止长时间的操作。
- ❏ 让用户能够预计操作所需的时间。
- ❏ 尽可能让用户来掌控自己的工作节奏。

原则 9:让用户试用后再修改

- ❏ 测试结果会让设计者(甚至是经验丰富的设计者)感到惊讶。
- ❏ 安排时间纠正测试发现的问题。
- ❏ 测试有两个目的:信息目的和社会目的。
- ❏ 每一个阶段和每一个目标都要有测试。

参考文献

Accot, J., Zhai, S., 1997. *Beyond Fitts' law: Models for trajectory-based HCI tasks*. Proc. of ACM CHI 1997 Conf. Hum. Factors in Comput. Syst., 295–302.

Alvarez, G., Cavanagh, P., 2004. The capacity of visual short-term memory is set both by visual information load and by number of objects. *Psychol. Sci*. 15 (2), 106–111.

Angier, N., 2008. Blind to change, even as it stares us in the face. *New York Times*. April 1, 2008. Retrieved from www.nytimes.com/2008/04/01/science/01angi.html.

Arons, B., 1992. A review of the cocktail party effect. J. Am. *Voice I/O Soc*. 12, 35–50.

Apple Computer, 2009. Apple human interface guidelines. Retrieved from developer.apple.com/mac/library/ documentation/UserExperience/Conceptual/AppleHIGuidelines.

Baddeley, A. (2012). Working Memory: Theories, Models, and Controversies. *Annual Review of Psychology*. 63, 1–29.

Barber, R., Lucas, H., 1983. System response time, operator productivity, and job satisfaction. *Commun. ACM*. 26 (11), 972–986.

Bays, P.M., Husain, M., 2008. Dynamic shifts of limited working memory resources in human vision. *Science* 321, 851–854.

Beyer, H., Holtzblatt, K., 1997. *Contextual design: A customer-centered approach to systems design*. Morgan Kaufmann, San Francisco.

Bilger, B., 2011. The Possibilian: David Eagleman and the Mysteries of the Brain. *The New Yorker*. April 25, 2011, retrieved from www.newyorker.com/reporting/2011/04/25/110425fa_fact_bilger.

Blauer, T., 2007. On the startle/flinch response. *Blauer tactical intro to the spear system: Flinching and the first two seconds of an ambush*. YouTube video, Retrieved from www.youtube.com/watch?v5jk_Ai8qT2s4.

Borkin, M.A., Vo, A.A., Bylinskii, Z., Isola, P., Sunkavalli, S., Oliva, A., Pfister, H., 2013. What makes a visualization memorable? *IEEE Transactions on Visual Computer Graphics*, Dec 19 (12), 2306–2315. Retrieved from, http://www.ncbi.nlm.nih.gov/pubmed/24051797, http://dx.doi.org/10.1109/TVCG.2013.234.

Boulton, D., 2009. Cognitive science: The conceptual components of reading and what reading does for the mind. Interview of Dr. Keith Stanovich, Children of the Code website. Retrieved from www.childrenofthecode.org/ interviews/stanovich.htm.

Broadbent, D.E., 1975. The magical number seven after fifteen years. In: Kennedy, A., Wilkes, A.(Eds.), *Studies in long-term memory*. Wiley, London, pp. 3–18.

Brown, C.M., 1988. *Human–computer interface design guidelines*. Ablex Publishing Corporation, Norwood, NJ.

Budman, G., 2011. 94% of computer users still risk data loss. Backblaze blog July 12, 2011. Retrieved from blog. backblaze.com/2011/07/12/94-of-computer-users-still-risk-data-loss/.

Card, S., 1996. *Pioneers and settlers: Methods used in successful user interface design*. In: Rudisill, M., Lewis, C., Polson, P., McKay, T. (Eds.), *Human-computer interface design: Success cases, emerging methods, real-world context*. Morgan Kaufmann, San Francisco.

Card, S., Moran, T., Newell, A., 1983. *The psychology of human–computer interaction*. Lawrence Erlbaum Associates, Hillsdale, NJ.

Card, S., Robertson, G., Mackinlay, J., 1991. *The information visualizer, an information workspace*. Proc. of ACM CHI' 91, 181–188.

Carroll, J., Rosson, M., 1984. Beyond MIPS: Performance is not quality. *BYTE*, 168–172.

Cheriton, D.R., 1976. Man–machine interface design for time-sharing systems. *Proc. ACM Natl. Conf.*, 362–380.

Chi, E.H., Pirolli, P., Chen, K., Pitkow, J., 2001. Using information scent to model user information needs and actions on the web. *Proc. ACM SIGCHI Conf. Comput.–Hum. Interact. (CHI 2001)*, 490–497.

Clark, A., 1998. *Being there: Putting brain, body, and world together again*. MIT Press, Cambridge, MA.

Cooper, A., 1999. *The Inmates are running the asylum*. SAMS, Indianapolis.

Cowan, N., Chen, Z., Rouder, J., 2004. Constant capacity in an immediate serial-recall task: A logical sequel to Miller (1956). *Psychol. Sci.* 15 (9), 634–640.

Doidge, N., 2007. *The brain that changes itself*. Penguin Group, New York. Duis, D., Johnson, J., 1990. Improving user-interface responsiveness despite performance limitations. *Proc. IEEE CompCon'90*, 380–386.

Eagleman, D., 2012. *Incognito: The secret lives of the brain*. Vintage Books, New York.

Finn, K., Johnson, J., 2013. A usability study of websites for older travelers. *Proceedings of HCI International 2013*. Springer-Verlag, Las Vegas.

Fitts, P.M., 1954. The information capacity of the human motor system in controlling the amplitude of movement. J. *Exp. Psychol.* 47 (6), 381–391.

Fogg, B.J., 2002. *Persuasive technology: Using computers to change what we think and do*. Morgan Kaufmann.

Gazzaley, A., 2009. The aging brain: At the crossroads of attention and memory. *User Experience* 8 (1), 6–8.

Geelhoed, E., Toft, P., Roberts, S., Hyland, P., 1995. To influence time perception. *Proc. ACM CHI'955*, 272–273.

Grudin, J., 1989. The case against user interface consistency. *Commun. ACM.* 32 (10), 1164–1173.

Hackos, J., Redish, J., 1998. *User and task analysis for interface design*. Wiley, New York.

Herculano-Houzel, S., 2009. The human brain in numbers: A linearly scaled-up primate brain. Front. *Hum. Neurosci.* 3 (31). Retrieved from http://www.ncbi.nlm.nih.gov/pmc/articles/PMC2776484.

Herrmann, R., 2011. How do we read words and how should we set them? OpenType.info blog, June 14. Retrieved from http://opentype.info/blog/2011/06/14/how-do-we-read-words-and-how-should-we-set-them.

Husted, B., 2012. Backup your data, then backup your backup. Ventura County Star. September 8. Retrieved from Web http://www.vcstar.com/news/2012/sep/08/back-up-your-data-then-back-up-your-backup.

Isaacs, E., Walendowski, A., 2001. *Designing from both sides of the screen: How designers and engineers can collaborate to build cooperative technology.* SAMS, Indianapolis.

Johnson, J., 1987. How faithfully should the electronic office simulate the real one? *SIGCHI Bulletin* 19 (2), 21–25.

Johnson, J., 1990. Modes in non-computer devices. Int. J. *Man–Machine Stud.* 32, 423–438.

Johnson, J., 2007. *GUI bloopers 2.0: Common user interface design don'ts and dos.* Morgan Kaufmann, San Francisco.

Johnson, J., Henderson, D.A., 2002. Conceptual models: Begin by designing what to design. *Interactions* 9 (1), 25–32.

Johnson, J., Henderson, D.A., 2011. *Conceptual models: Core to good design.* San Rafael, CA: Morgan and Claypool.

Johnson, J., Henderson, D.A., 2013. Conceptual models in a nutshell. *Boxes and Arrows* (online magazine). January 22. Retrieved from http://boxesandarrows.com/conceptual-models-in-a-nutshell.

Johnson, J., Roberts, T., Verplank, W., Smith, D.C., Irby, C., Beard, M., Mackey, K., 1989. The Xerox star: A retrospective. *IEEE Comput.* 22 (9), 11–29.

Jonides, J., Lewis, R.L., Nee, D.E., Lustig, C.A., Berman, M.G., Moore, K.S., 2008. The mind and brain of short-term memory. *Annu. Rev. Psychol.* 59, 193–224.

Kahneman, D., 2011. *Thinking fast and slow.* Farrar Straus and Giroux, New York.

Koyani, S.J., Bailey, R.W., Nall, J.R., 2006. Research-based web design and usability guidelines. U.S. Department of Health and Hum. Serv. Retrieved from usability.gov/pdfs/guidelines.html.

Krug, S., 2005. *Don't make me think: A common sense approach to web usability*, 2nd ed. New Riders Press, Indianapolis.

Lally, P., van Jaarsveld, H., Potts, H., Wardie, J., 2010. How are habits formed: Modeling habit formation in the real world. Eur. J. *Soc. Pyschology* 40 (6), 998–1009.

Lambert, G., 1984. A comparative study of system response time on program developer productivity. *IBM Syst.* J. 23 (1), 407–423.

Landauer, T.K., 1986. How much do people remember? Some estimates of the quantity of learned information in long-term memory. *Cogn. Sci.* 10, 477–493.

Larson, K., 2004. The Science of word recognition, Microsoft.com. July 2004, http://www.microsoft.com/typography/ctfonts/WordRecognition.aspx.

Liang, P., Zhong, N., Lu, S., Liu, J., Yau, Y., Li, K., Yang, Y., 2007. *The neural mechanism of human numerical inductive reasoning process: A combined ERP and fMRI study.* Springer-Verlag, Berlin.

Lindsay, P., Norman, D.A., 1972. *Human information processing.* Academic Press, New York and London.

Marcus, A., 1992. *Graphic design for electronic documents and user interfaces.* Addison-Wesley, Reading, MA.

Mastin, L., 2010. Short-term (working) memory. The human memory: What it is, how it works, and how it can go wrong. Retrieved from http://www.human-memory.net/types_short.html.

McAfee, 2012. Consumer alert: McAfee releases results of global unprotected rates study. McAfee blog, May 29. Retrieved from https://blogs.mcafee.com/consumer/family-safety/mcafee-releasesresults-of-global-unprotected-rates.

McInerney, P., Li, J., 2002. Progress indication: Concepts, design, and implementation, IBM. Developer Works. Retrieved from www-128.ibm.com/developerworks/web/library/us-progind.

Microsoft Corporation, 2009. Windows user experience interaction guidelines. Retrieved from, http://www.msdn.microsoft.com/en-us/library/aa511258.aspx.

Miller, G.A., 1956. The magical number seven, plus or minus two: Some limits on our capacity for processing information. *Psychol. Rev.* 63, 81–97.

Miller, R., 1968. Response time in man–computer conversational transactions. *Proc. IBM Fall Joint Comput. Conf. vol. 33*, 267–277.

Minnery, B., Fine, M., 2009. Neuroscience and the future of human–computer interaction. *Interactions* 16 (2), 70–75.

Monti, M.M., Osherson, D.N., Martinez, M.J., Parsons, L.M., 2007. Functional neuroanatomy of deductive inference: A language-independent distributed network. *NeuroImage* 37 (3), 1005–1016.

Mullet, K., Sano, D., 1994. *Designing visual interfaces: Communications oriented techniques.* Prentice-Hall, Englewood Cliffs, NJ.

Nielsen, J., 1999. *Designing web usability: The practice of simplicity.* New Riders Publishing, Indianapolis.

Nielsen, J., 2003. Information foraging: Why Google makes people leave your site faster. Nielsen-Norman Group, June 30. http://www.nngroup.com/articles/information-scent/.

Nielsen, J., Molich, R., 1990. Heuristic evaluation of user interfaces. *Proc. ACM CHI'90 Conf.*, Seattle, 249–256.

Nielsen, J., Mack, R.L., (Eds.), 1994. *Usability Inspection Methods.* John Wiley & Sons, Inc, New York.

Nichols, S., 2013. Social network burnout affecting six in ten Facebook users. V3.co.uk. Feb. 6. Retrieved from http://www.v3.co.uk/v3-uk/news/2241746/social-network-burnout-affecting-six-in-ten-facebook-users.

Norman, D.A., 1983a. Design rules based on analysis of human error. *Commun. ACM.* 26 (4), 254–258.

Norman, D.A., 1983b. Design principles for human–computer interfaces. In: Janda, A. (Ed.), *Proceedings of the CHI-83 conference on human factors in computing systems*, Boston. ACM Press, New York. Reprinted in R. M. Baecker and William A. S. Buxton (Eds.), *Readings in human–computer interaction*. San Mateo, CA: Morgan Kaufmann, 1987.

Norman, D.A., Draper, S.W., 1986. *User-centered system design: New perspectives on human–computer interaction*. CRC Press, Hillsdale, NJ.

Larson, K., 2004. The Science of word recognition, Microsoft.com, July 2004, http://www.microsoft.com/typography/ctfonts/WordRecognition.aspx.

Oracle Corporation/Sun Microsystems, 2001. *Java look and feel design guidelines*, 2nd ed. Retrieved from http://www.java.sun.com/products/jlf/ed2/book/index.html.

Perfetti, C., Landesman, L., 2001. The truth about download time. User Interface Engineering, Jan. 31. Retrieved from http://uie.com/articles/download_time/.

Rainie, L., Smith, A., Duggan, M., 2013. Coming and going on Facebook. Report from Pew Internet and American Life Project, Feb 5. Retrieved from http://www.pewinternet.org/~/media//Files/Reports/2013/PIP_Coming_and_going_on_facebook.pdf.

Raymond, J.E., Shapiro, K.L., Arnell, K.M., 1992. Temporary suppression of visual processing in an RSVP task: An attentional blink? J. *Exp. Psychol. Hum. Percept. Perform.* 18 (3), 849–860.

Redish, G., 2007. *Letting go of the words: Writing web content that works*. Morgan Kaufmann, San Francisco.

Robertson, G., Card, S., Mackinlay, J., 1989. The cognitive co-processor architecture for interactive user interfaces. *Proceedings of the ACM Conference on User Interface Software and Technology (UIST'89)*. ACM Press. 10–18.

Robertson, G., Card, S., Mackinlay, J., 1993. *Information visualization using 3D interactive animation*. Commun. ACM. 36 (4), 56–71.

Rushinek, A., Rushinek, S., 1986. What makes users happy? *Commun. ACM.* 29, 584–598.

Sapolsky, R.M., 2002. *A primate's memoir: A neuroscientist's unconventional life among the Baboons*. Scribner, New York.

Schneider, W., Shiffrin, R.M., 1977. Controlled and automatic human information processing: 1. Detection, search, and attention. *Psychol. Rev.* 84, 1–66.

Schrage, M., 2005. The password is fayleyure. Technol. Rev. Retrieved from http://www.technologyreview.com/read_article.aspx?ch5specialsectionsandsc5securityandid516350.

Shneiderman, B., 1984. Response time and display rate in human performance with computers. *ACM Comput. Surveys* 16 (4), 265–285.

Shneiderman, B., 1987. *Designing the user interface: Strategies for effective human–computer interaction*, 1st ed. Addison-Wesley, Reading, MA.

Shneiderman, B., Plaisant, C., 2009. *Designing the user interface: Strategies for effective human–computer interaction*, 5th ed. Addison-Wesley, Reading, MA.

Simon, H.A., 1969. The sciences of the artificial. MIT Press, Cambridge, MA. Simons, D.J., 2007. Scholarpedia 2 (5), 3244, http://www.scholarpedia.org/article/Inattentional_blindness.

Simons, D.J., Levin, D.T., 1998. Failure to detect changes in people during a real-world interaction. Psychon. *Bull. Rev.* 5, 644–669.

Simons, D.J., Chabris, C.F., 1999. *Gorillas in our midst: Sustained inattentional blindness for dynamic events.* Perception 28, 1059–1074.

Smith, S.L., Mosier, J.N., 1986. Guidelines for designing user interface software. *National Technical Information Service*, Springfield, VA Technical Report ESD-TR-86-278.

Soegaard, M., 2007. Gestalt principles of form perception. Interaction-Design.org. Retrieved from http://www.interaction-design.org/encyclopedia/gestalt_principles_of_form_perception.html.

Sohn, E., 2003. It's a math world for animals. Sci. News for Kids. Oct. 8. Retrieved from http://www.sciencenewsforkids.org/articles/20031008/Feature1.asp.

Sousa, D.A., 2005. *How the brain learns to read.* Corwin Press, Thousand Oaks, CA.

Stafford, T., Webb, M., 2005. *Mind hacks: Tips and tools for using your brain.* O'Reilly, Sebastapol, CA.

Stone, D., Jarrett, C., Woodroffe, M., Minocha, S., 2005. *User interface design and evaluation.* Morgan Kaufmann, San Francisco.

Thadhani, A., 1981. Interactive user productivity. *IBM Syst. J.* 20 (4), 407–423.

Thagard, P., 2002. *Coherence in thought and action.* MIT Press, Cambridge, MA.

Tufte, E., 2001. *The visual display of quantitative information*, 2nd ed. Graphics Press, Cheshire, Connecticut.

Van Duyne, D.K., Landay, J.A., Hong, J.I., 2002. *The design of sites: Patterns, principles, and processes for crafting a customer-centered web experience.* Addison-Wesley, Reading, MA.

Waloszek, G., 2005. Vision and visual disabilities: An introduction, SAP Design Guild. Retrieved from, http://www.sapdesignguild.org/editions/highlight_articles_01/vision_physiology.asp.

Ware, C., 2008. *Visual thinking for design.* Morgan Kaufmann, San Francisco.

Ware, C., 2012. *Information visualization: Perception for design*, 3rd ed. Morgan Kaufmann, San Francisco.

Weber, P., 2013. Why Asiana Flight 214 crashed at San Francisco International Airport, The Week. July 8. Retrieved from, http://theweek.com/article/index/246523/why-asiana-flight-214-crashedat-san-francisco-international-airport.

Weinschenk, S.M., 2009. *Neuro web design: What makes them click?* New Riders, Berkeley, CA.

Wolfmaier, T., 1999. Designing for the color-challenged: A challenge. ITG Publication. Retrieved from http://www.internettg.org/newsletter/mar99/accessibility_color_challenged.html.